鲁菜经典
济南非遗

百年逸香 黄焖鸡

主编◎杨晓路 路晓娜

中国轻工业出版社

图书在版编目（CIP）数据

百年逸香黄焖鸡 / 杨晓路，路晓娜主编 . — 北京：
中国轻工业出版社，2024.3

ISBN 978-7-5184-4640-7

Ⅰ.①百… Ⅱ.①杨… ②路… Ⅲ.①鲁菜—介绍
Ⅳ.①TS972.182.52

中国国家版本馆 CIP 数据核字（2023）第 222121 号

责任编辑：贺晓琴 方 晓 责任终审：劳国强 设计制作：锋尚设计
策划编辑：史祖福 贺晓琴 责任校对：郑佳悦 晋 洁 责任监印：张 可

出版发行：中国轻工业出版社（北京鲁谷东街 5 号，邮编：100040）

印 刷：鸿博昊天科技有限公司

经 销：各地新华书店

版 次：2024年3月第1版第1次印刷

开 本：787 × 1092 1/16 印张：15.75

字 数：322千字

书 号：ISBN 978-7-5184-4640-7 定价：298.00元

邮购电话：010-85119873

发行电话：010-85119832 010-85119912

网 址：http://www.chlip.com.cn

Email：club@chlip.com.cn

傳承炸遺技藝
創新魯菜文化

百年逸香黄燜雞出版之慶

癸卯之夏

向海书賀

百年逸香黄焖鸡

癸卯春向海题

杨晓路

男，1980 年出生于山东省济南市，杨铭宇黄焖鸡品牌创始人，济南杨铭宇餐饮管理有限公司董事长兼总经理，现任济南市天桥区人大代表、济南市钓鱼协会会长，先后荣获"济南市优秀企业家""中国品牌影响力人物""了不起的山东人""最佳品牌创始人""影响济南的经济人物"等荣誉称号。杨晓路多年致力于鲁菜的传承创新工作，家传师承，守正创新，其创立的杨铭宇黄焖鸡品牌，全国加盟连锁门店累计超 6000 家，海外门店 100 余家，带动 3 万余人创业致富，创造 30 余万社会就业岗位，助推黄焖鸡产业链千亿产值，并助力鲁菜文化及鲁菜技艺走向全世界。

路晓娜

女，1977年出生于山东省济南市，杨铭宇黄焖鸡品牌联合创始人，济南杨铭宇餐饮管理有限公司副总经理，山东省餐饮业标准委员会分会标准化工作办公室主任，山东省非物质文化遗产研究基地济南黄焖鸡非遗研究基地负责人。对鲁菜文脉进行持续的学习和研究，致力于杨铭宇黄焖鸡品牌文化的梳理推广以及企业培训与标准化的相关工作。起草并参与了《黄焖鸡米饭操作规程》《山东地方传统名吃制作加工技术规范 第21部分：黄焖鸡米饭》《山东省餐饮服务标准化试点》等多项山东省地方标准、团体标准的制定。

本书编委会

文化顾问：路　勇　路玉华

技术顾问：李培雨

主　　编：杨晓路　路晓娜

执行主编：赵建民

副 主 编：金洪霞　赵红云

编　　委：钟　凌　李维森　亓玉民　杨顺义　田憬若

　　　　　杜冠群　王　艳　高优美　常　铮

图片提供：路晓娜　赵建民

书名题签：荆向海

合作单位：山东旅游职业学院山东省非物质文化研究基地

　　　　　山东鲁菜文化博物馆杨铭宇黄焖鸡非遗基地

　　　　　李培雨大师工作室

　　　　　杨铭宇黄焖鸡鲁菜文化研究院

序 ···

山东研究鲁菜理论的学者赵建民先生，邀请我给新书《百年逸香黄焖鸡》写一个序，因为多年的交情不好推托只能勉为其难了。据我所了解，"黄焖鸡"是一道传统鲁菜，能给该书写序，也算是对鲁菜餐饮产业发展的一种支持吧。

为了写序，就得对济南"杨铭宇黄焖鸡"的快餐品牌进行一些简要的了解。据悉，2021年3月23日，习近平总书记考察调研福建省三明市沙县小吃时，对"沙县小吃"产业发展给予了充分的肯定和赞赏，并且正式提出了"小吃产业"的观点，并鼓励各地方应大力发展以特色小吃为主体的"小吃产业"的发展思路。习近平总书记在这次考察调研中，他还问到了其他的小吃产业，有随行人员说道几乎全国各地都有的"兰州拉面"和风靡当前快餐市场的"黄焖鸡米饭"，并且提到了"黄焖鸡"是源于山东鲁菜的小吃。习近平总书记当场表示"黄焖鸡，今后要关注一下"。正是因为这次习近平总书记在福建考察调研沙县小吃产业的发展情况，促进了全国餐饮行业对小吃产业的高度关注，并同时呈现了鲁菜"黄焖鸡"小吃餐饮品牌的发展状况。

令许多人没有想到的是，包括对大多数的山东人来说，"黄焖鸡米饭"的快餐模式最初是由济南一家名字叫作"杨铭宇黄焖鸡"的店铺首创。于是，人们开始关注起了"杨铭宇黄焖鸡"的餐饮品牌，以及有关传统鲁菜"黄焖鸡"的历史。

"黄焖鸡"是传统鲁菜的代表性菜品之一。"杨铭宇黄焖鸡"正是以传统鲁菜"黄焖鸡"在新时期创新发展起来的快餐企业，在创始人杨晓路及其团队的辛勤付出和努力下，经过了十多年的默默耕耘，其加盟店铺目前已经有6000多家，而且分布国内外，成为极具影响力的国内快餐连锁品牌，并号称是"国民料理"的美食代表，成就了"一个鲁菜传承人的初心与创举"。

"杨铭宇黄焖鸡"品牌的创新发展，除品牌创始人及其团队的积极努力外，自然还有其深厚的历史渊源与文化根基，既有传统鲁菜文化的基因，也有家族餐饮精神文脉的传承，其中包括名家大师的指引。而今，"黄焖鸡传统制作技艺"作为济南地区的非物质文化遗产代表性项目，已经在新时期的经济发展中发挥出了应有的作用，而且在弘扬传统文化、传承中华烹饪技艺等方面展现出了美食非遗项目的魅力所在。尤其是在推动中华餐饮文化走向世界，促进中国饮食文化与世界饮食文化融合发展中发挥出了积极的作用。为我国提出"构建人类命运共同体"的中国智慧在饮食文化领域起到了引领风气之先的效果。毋庸置疑，济南"杨铭宇黄焖鸡"品牌在尝试"一道地道的中国味去征服全世界的胃"的征程上具有表率作用。

《百年逸香黄焖鸡》一书正是基于这样的背景，以弘扬传统文化的创新发展为前提，通过对"杨铭宇黄焖鸡"餐饮品牌成功发展过程的深入剖析，体现一个家族餐饮品牌精神的传承，展示了以一款传统鲁菜技艺的发扬光大，创新发展为一家新时期造福于广大民众饮食生活的餐饮企业的历程。

《百年逸香黄焖鸡》一书的内容，既是对传统鲁菜、非物质文化遗产项目"黄焖鸡"产业发展的深入探讨，又是对"杨铭宇黄焖鸡"餐饮品牌家族文化传承的全面展示，同时还是对弘扬传统优秀文化、传承鲁菜烹饪技艺、讲好鲁菜故事、推动鲁菜产业发展的具体体现。希望《百年逸香黄焖鸡》的出版，能够为推动鲁菜产业发展、中国餐饮走向世界发挥积极的引领效果，为落实习近平总书记关于"在新时代，我们要推动中华优秀传统文化创造性转化、创新性发展"的论述作出应有的贡献。

中国烹饪协会终身名誉会长　冯恩援

2023年10月于北京

目录 ·······································

"黄焖鸡""路氏福泉居"
文化寻根

"杨铭宇黄焖鸡"
之技艺传承

非遗文化传承
与家族品牌发展

济南洛口
风味菜

《黄焖鸡赋》
与黄焖鸡宴

"黄焖鸡" "路氏福泉居" 文化寻根

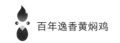

近代的中国台湾省，有一位著名的哲学家张起钧先生，在他研究哲学之余还撰写了一本书名为《烹调原理》的书。在这本书中，他以哲学家的视角对中国烹饪技艺与烹饪文化进行了系统研究总结。其中在研究我国地方风味流派的文字里，对中国著名八大菜系之首的鲁菜有一段精辟的论述。他在书中说：

> 北京自辽金以来，七百多年的帝都，尤其元明清三代，集全国菁英于一地，更是人才荟萃京华盛世。不论是贵族饮宴，官场应酬，都必需以上好的菜来供应，而这些人（特别是贵族）真是又吃过又见过，没有真材实货，精烹美制，哪能应付。因此七百年下来，流风余韵烹调之佳，集全国之大成。菜，经过做大官、有学问的人指点，不仅技术口味好，并且格调高超，水准卓越，为全国任何其他地方之菜所不能及，而这种菜就都是许多山东人开的大馆子所做的。其风格是：大方高贵而不小家子气，堂堂正正而不走偏锋，它是普遍的水准高，而不是以一两样菜或偏颇之味来号召，这可以说是中国菜的典型了❶。

毫无疑问，以上这段总结性的文字，是对中国鲁菜的历史地位与社会影响力作出的高度概括。实际上，中国鲁菜大系的发展与形成，是深深根植于中华民族文化的沃土之中，凝聚了无数代劳动者的勤劳与智慧，它是集中国传统文化之大成，因而是中国菜之典型代表。

在众多鲁菜经典菜肴中，有一道普通的"黄焖鸡"，随着济南"杨铭宇黄焖鸡"餐饮品牌的强势崛起与快速发展，而今已经享誉国内外。因此，"济南黄焖鸡"也成为济南地区非物质文化遗产的代表性项目。而"济南黄焖鸡"的非遗项目，之所以能够得到良好的传承，则与一个百年老字号的餐饮店铺"路氏福泉居"有着割舍不断的联系。

因此，在接下来的文字中，所要介绍的是一个关于鲁菜著名菜肴"黄焖鸡"与百年老店"路氏福泉居"前世今生的故事。

第一节 鲁菜 "黄焖鸡" 的 历史渊源

　　每一个山东人，特别是对于一个掌握了一定的鲁菜烹调技术的山东人（厨师）来说，始终为 "鲁菜" 在我国拥有的历史地位而感到骄傲与自豪。但改革开放以来40多年的经济发展，鲁菜辉煌不再。甚至一直以来，在许多人的心目中，鲁菜不过是长期囿于北方的菜肴体系，而非真正意义上的中国菜的典型与代表。然而，近几年来，一道以鲁菜 "黄焖鸡" 搭配米饭的小吃声名鹊起，而一家命名为 "杨铭宇黄焖鸡米饭"（图1-1）的小吃快餐店也因此风靡我国的大江南北。"黄焖鸡米饭" 成为人们最喜欢的快餐美食之一，"杨铭宇黄焖鸡" 由此成为全国知名的小吃快餐餐饮品牌之一。根据美团等大数据资料统计表明，以 "黄焖鸡米饭" 为主打产品的品牌快餐门店，在2019年、2020年连续两年位居快餐门店数量的第一位。到2022年年底，以 "黄焖鸡米饭" 为主打产品的快餐店铺在全国超过了6万家，其影响范围之广、顾客喜爱度之高，由此可见一斑。

图1-1 "杨铭宇黄焖鸡米饭" 门店形象

2021年3月23日,习近平总书记考察调研福建省三明市沙县小吃时,不仅对"沙县小吃"产业发展给予了充分的肯定和赞赏,而且正式提出了"小吃产业"的观点,并鼓励各地方应大力发展以特色小吃为主体的"小吃产业"的发展思路。在习近平总书记这次的考察调研中,他还问到了其他的小吃产业,有随行人员说道"兰州拉面"和风靡当前快餐市场的"黄焖鸡米饭",并且提到了"黄焖鸡"是源于山东鲁菜的小吃。习近平总书记当场表示:"黄焖鸡,今后要关注一下"。

正是因为这次习近平总书记在福建考察调研沙县小吃产业的发展情况,促进了全国餐饮行业对小吃产业的高度关注,并同时呈现了鲁菜"黄焖鸡"小吃餐饮品牌的发展状况。

令人意外的是,对于许多人而言,包括山东人,有关"黄焖鸡"的历史并不十分熟悉,更遑论"黄焖鸡米饭"小吃快餐与鲁菜的关系了。甚至对济南"杨铭宇黄焖鸡"餐饮品牌几乎一无所知。对此,我们在本章的内容中,首先要对鲁菜风味的代表菜肴"黄焖鸡"进行粗浅的溯源与介绍。

"黄焖鸡"的烹调方法源于鲁菜大系

根据"黄焖鸡"的名称,这道菜肴的制作属于"焖"的烹调方法。

焖是源于中国民间极其常见的烹调方法之一,近世以来流行于我国各地。但根据中国菜肴体系烹调方法特征的一般认知,"焖"是我国北方最具代表性的烹调方法之一。在我国著名的地方菜肴风味体系中,"焖"的烹调方法不仅在鲁菜中运用最多,而且有可靠的史料证明,"焖"的烹饪方法源于鲁菜大系。

虽然,从烹饪专业发展的角度看,"焖"的烹饪方法,在我国有着悠久的历史传承和应用,但从历史的宏观层面看,"焖"的烹饪方法的应用应该是近几百年来的事。

1."焖"字溯源

根据我国文字诞生的时间节点来看,"焖"字的出现是晚近以来的事情。笔者查阅了许多有代表性的字典、词典、辞典等与汉语相关的工具书,可以认定,《康熙字典》及其以前的工具书中没有关于"焖"字的任何记载。《康熙字典》成书于康熙五十五年(公元1716年),是迄今为止收录文字最多的古代字典,共收录四万七千多个汉字。由此断定,"焖"字的出现是清代中叶或者是晚清以来的事情,这是确凿无疑的。

最早收编“焖”字的是《辞源》。该书于1908年开始编纂，于1915年以甲乙丙丁戊五种版式由商务印书馆出版。其中对“焖”字的解释为：

> 焖：用文火炖熟。《玉篇》有“炆”字，乎回、莫贿二切，作“烂”解，《集韵》云：熟谓之炆。音义相近❶。

这应该是对“焖”字的最早解释，似乎与后世的烹饪方法不是一个完全的意思。从事物发展的角度，字书的收录时间肯定要晚于实际应用的时间。也就是说，“焖”字的应用时间要早于1908年。

其后，1915年启动、1936年完成的《辞海》也有对“焖”字收录（图1-2），云：

> 焖：读如闷，俗以微火久煮食物不使洩气者曰焖❷。

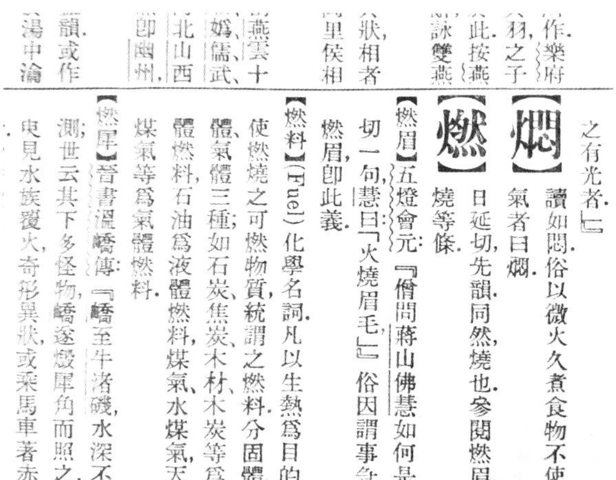
作.樂府
羽,之子
此.按燕
詠雙燕
狀,相者
里侯相
燕雲十
嬀、儒、武、
北山西
即幽州,
韻.或作
湯中淪

之有光者.」
【燜】讀如悶.俗以微火久煮食物不使洩氣者曰燜.
【燃】日延切,先韻.同然,燒也.參閱燃眉、燃燒等條.
【燃眉】五燈會元:『僧問蔣山佛慧如何是急切一句,慧曰「火燒眉毛」』俗因謂事急曰燃眉,即此義.
【燃料】(Fuel)化學名詞.凡以生熱爲目的而使燃燒之可燃物質,統謂之燃料.分固體、液體、氣體三種;如石炭、焦炭、木材、木炭等爲固體燃料,石油爲液體燃料,煤氣、水煤氣、天然煤氣等爲氣體燃料.
【燃犀】晉書溫嶠傳:『嶠至牛渚磯,水深不可測;世云其下多怪物,嶠遂燬犀角而照之,須臾見水族覆火,奇形異狀,或乘馬車著赤衣,

图1-2 《辞海》书影

显然，《辞海》的解释与《辞源》的意义有同有异。所同者都是用“文火”或“微火”，就是用极其小的火力加热；所异者，前者谓“炖熟”至烂，而后者解释为“久煮不使洩气”。什么是“不使洩气”，根据字面的意义，“洩气”就是“泄气”，“久

❶ 广东、广西、湖南、河南辞源修订组，商务印书馆编辑部.《辞源（修订本）》. 北京：商务印书馆，1986年，第1952页。

❷ 舒新城，沈颐，徐元诰，等.《辞海（全二册）》. 据1936年版缩印. 北京：中华书局，1981年，第1215页。

煮不使洩气"就是长时间在密闭的环境内烧煮食物，而且要保持锅内的热气足够，是运用水汽共同加热食物的意思。这种解释有点接近于烹饪方法的"焖"了。

对"焖"字解释较为详细的，是1980年中国台湾出版的《大辞典》（图1-3），其中对"焖"的解释（图1-4）说：

> 以微火久煮食物，使不洩气，以保存原味。古作"衰"。《说文》："衰"，炮炙也，以微火温肉。从火衣声。段注："微火温肉，所谓焦也。今俗语或曰乌，或曰煨，或曰焖，皆此字之双声叠韵耳。"❶

图1-3 《大辞典》书影   图1-4 《大辞典》内文剪影

该辞典对"焖"的解释基本与老《辞海》相同，而且增加了"以保存原味"的句子，使其明白无误了。但后边所引的《说文》解释则有些牵强，后世的"焖"当与"炮炙"没有关系，与段玉裁引用"焦"解释"焖"也是有异有同的。"焦"是我国魏晋南北朝及其以前常用的烹饪方法之一，这在北魏贾思勰的《齐民要术》中有详细的记录与应用，与后世的"焖"不完全相同。

中华人民共和国成立以后，出版的字书，大多对"焖"字的解释较为简单，如1979年版本的《四角号码新词典》说：

---

❶ 本局大辞典编纂委员会.《大辞典》，台北：三民书局股份有限公司，1980年，第2901页。

> 焖：盖紧锅盖，用微火把食物煮熟。例焖饭、油焖笋❶。

这应是最为简洁明了的解释。20世纪80～90年代出版的《汉语大词典》（图1-5），则有了进一步全面的诠释，云：

> **燜**
>
> "焖"的繁体字。
>
> 1. 一种烹调法。盖紧锅盖，用微火把食物煮熟。茅盾《林家铺子》曰："林大娘在家常的一荤二素以外，特又添了一个碟子，是到八仙楼买来的红焖肉。"周而复《上海的早晨》第一部七："锅里的饭已经焖熟了。"
>
> 2. 把已熟的食物放在锅里，盖紧，用文火保温。陆灏《昼夜之间》："她总是把饭菜焖在锅里，一把火一把火温着它。"❷

图1-5 《汉语大词典》书影

《汉语大词典》对"焖"的解释有三层意思：

首先，《汉语大词典》是首次明确在书中说"焖"是一种烹调方法，并列举了许多案例加以说明。茅盾的《林家铺子》是于1932年7月创作的短篇小说，原名《倒

---

❶ 《四角号码新词典》（第八次修订重排本），北京：商务印书馆，1979年，第682页。

❷ 罗竹风.《汉语大词典》，上海：汉语大词典出版社，1986年。

闭》。载《申报月刊》第一卷第一期，后收入短篇小说集《春蚕》。讲述的是当时江南杭嘉湖地区一个小店铺的主人林老板，在时局动荡、经济萧条的社会背景下艰难生活的故事。故事背景的时代我国南方民间已经有了"红焖肉"的名称和"焖"的烹饪方法，说明"焖"的应用在中华人民共和国成立前就已经广为流行了。

其次，"焖"是加工米饭的一种成熟方法。在周而复的《上海的早晨》中说："锅里的饭已经焖熟了"，这里的"焖"与"红焖肉"的"焖"意义略有不同，也属于一种烹饪方法，但属于饭食的熟制方法，与菜肴的烹调方法有一定的区别。

最后，"焖"是一种饭菜的保温方法。《汉语大词典》引用陆灏《昼夜之间》说："她总是把饭菜焖在锅里，一把火一把火温着它。"明显不是一种烹调方法，而是一种热环境下对饭菜的保温方式。

至此，大致可以从专业字书中了解"焖"字的诞生历史和作为烹调方法出现的年代了。

毋庸置疑，根据字书的记录，"焖"作为烹调方法的出现，是晚清民国年间的时候。但"焖"在民间的实际应用情况是否与字书的记录相同，有待于进一步探讨。

2. 烹调方法"焖"的早期应用

"焖"作为烹调方法开始在菜谱中的出现，大约是在晚清至民国时期，但具体的年代尚有待于进一步研究确认。茅盾撰写的《林家铺子》是在1932年，其中有"红焖肉"，而实际上生活中的应用要早于一般意义的文字记录，况且《林家铺子》是文学作品。早于茅盾《林家铺子》记录"焖"的应用，大约有如下几种文献。一是清末徐珂编撰的《清稗类钞》，其中的"饮食类"记有"焖鸡"的菜肴，其做法记录如下：

> **焖鸡**
>
> 焖鸡肉者，以肥鸡作四大块，炼滚猪油烹之。少停取起，去油，用甜酱、花椒逐块抹之，下锅，加甜酒数滚，俟烂，加花椒、香蕈❶。

把鸡切成大块，用油炸锅，抹甜面酱甜酒煨焖而成，这可以认为类似于"酱焖"特色，与"黄焖"的方法有所接近。因为鲁菜黄焖技法的特征之一，就是必须

---

❶ 徐珂.《清稗类钞：第一三册》，北京：中华书局，1986年，第6453页。

使用甜面酱。按照现在关于烹调方法的定义，这不仅是典型的"焖"制菜肴，而且属于黄焖无疑。徐珂（1869—1928年）是生活于晚清民国时期的人，他编撰的《清稗类钞》出版于1917年，但编撰过程要早于出版时间，但上限不会超过清末的二三十年间，见图1-6、图1-7。

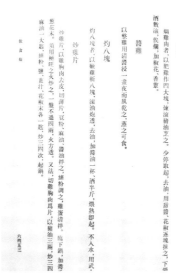

图1-6 《清稗类钞》书影　　图1-7 《清稗类钞》内文剪影

与《清稗类钞》记录时间差不多的是清末无名氏编撰的《调鼎集》（图1-8）。原书为清末人士的手抄本，发现于山东济宁的一个出家人之手。该手抄本中原序的写作时间为1928年，同样他的编写整理时间要早于1928年，因此也是晚清最后的

图1-8 《调鼎集》书影

几十年间。该书使用了"焖"和"闷"两种文字表述为同一种烹调方法，或可以认为此书菜谱的收集与整理过程恰恰是"闷"字使用向"焖"字的过渡时期。也许早期收集整理的菜谱使用的是"闷"，后来逐渐有了专用烹调方法的"焖"，便自然收录使用"焖"字。当然这仅仅是一种推测，有待进一步研究证实。

《调鼎集》用"闷"记录的菜肴有"锅闷肉""干闷肉""黄闷肉""烧酒闷肉""闷羊肝丝""闷鸡""闷蛋""闷野鸡""王瓜闷鸡""闷荔枝腰""闷葵花蛋"等十几种菜肴，其技术作业特点有较大差异，有的"闷"在描述上与"煨"有许多相似之处。

《调鼎集》用"焖"记录的菜肴相对要少一些，包括"焖猪脑""苏焖鲟鱼""焖鳝鱼丝"三种。

《调鼎集》记录的"闷"法，较为详细的是"锅闷肉"，云：

> 整块肉（分两视盆碗大小）用蜜少许同椒盐、酒擦透，锅内入水一碗，酒一碗，上用竹棒纵横作架，置肉于上（先仰面），盖锅，湿纸护缝（干则以水润之），烧大草把一个（勿挑动）。住火少时，候锅盖冷，开看翻肉（覆肉），再盖，仍用湿纸护缝，再烧大草把一个，候冷即熟[1]。

《调鼎集》中关于其他的菜肴制作方法的记录，相对来说都比较简单，如"苏焖鲟鱼"：

> 去皮骨，切大块，酱油焖苏[2]。

再如"黄闷肉"：

> 切小方块，入酱油、酒、甜酱、蒜头（或蒜苗干）闷。又，切丁，加酱瓜丁、松仁、盐、酒闷[3]。

---

[1] 佚名.《调鼎集》，邢渤涛，注释.北京：中国商业出版社，1986年，第132页。
[2] 佚名.《调鼎集》，邢渤涛，注释.北京：中国商业出版社，1986年，第398页。
[3] 佚名.《调鼎集》，邢渤涛，注释.北京：中国商业出版社，1986年，第133页。

这款"黄闷肉"较之其他的"闷肉"菜肴，区别仅在于加入了甜酱或酱瓜而已。更有意思的是，《调鼎集》所记录的"闷鸡"与《清稗类钞》的"焖鸡"，其制作方法基本相同。原文如下：

> 先将肥鸡如法宰完，切四大块，用脂油下锅炼滚，下鸡烹之，少停，取起去油，用好甜酱、椒料逐块抹上，下锅加甜酒闷烂，再入葱花、香蕈取起用之❶。

从这样的意义上看，《调鼎集》与《清稗类钞》的成书年代相差不远，所以其中有许多相同的菜肴收入和记录，尚有待进一步研究。但比较遗憾的是，笔者查阅了目前能够见到的清代中后期的《膳底档》(包括《清代离宫膳食》)及《孔府档案》中的饮食记录，都没有发现有关"焖"的烹调方法的应用记录。

以笔者手中的资料看，以正式文字记载"黄焖鸡"菜肴名称的是出版于1931年大连辽东饭庄的《北平菜谱》，其中有"黄焖鸡""红焖栗子鸡""红焖干贝鸡""红焖冬菜口茉鸡"等菜品，这是目前发现准确记录"黄焖"烹调方法使用与"黄焖鸡"菜肴名称的可靠资料，也是目前发现"黄焖鸡"最早的文字记录资料。

及其后，在查阅旧地方志书资料的时候，偶尔在1935年铅印版的《阳原县志》中，发现有"黄焖鸡"菜肴，它是在当地的"三十二碟、三十二碗"的豪华宴席菜单中出现的，下文有详细介绍。

中华人民共和国成立以来，各地使用"焖"的烹调方法日益增多，但见诸正式出版物的，笔者手头仅有1957年编写、1958年1月由江苏人民出版社出版的《江苏名菜名点介绍》，其中有"黄焖着甲""黄焖鳗"两种"黄焖"菜肴。所谓"着甲"，就是鲟鱼。由于这两种菜肴在烹饪中使用了酱油、冰糖，成菜呈金黄色，故有"黄焖"之称。南方的"黄焖"技法虽然与北方的"黄焖"技法有异曲同工之妙，但在应用调味料方面还是有着很大差异的。

山东地区正式出现"黄焖"技法的，有1957年编写、1958年油印的《济南名菜》，其中记录有"黄焖鸭肝""黄焖回网鱼"两种菜肴。后来此书的内容被编入1959年由轻工业出版社出版的《中国名菜谱》，如图1-9、图1-10所示。

---

❶ 佚名.《调鼎集》，邢渤涛，注释. 北京：中国商业出版社，1986年，第272页。

图1-9 《中国名菜谱》书影

图1-10 《中国名菜谱》黄焖菜肴书影

《中国名菜谱》是中华人民共和国成立以后编写出版的一套菜谱，1959年由当时的轻工业出版社出版，共有六本，每本为一辑。在此基础上，1962年到1966年，由中国财政经济出版社先后出版了《中国名菜谱》丛书，共十二辑，其中包括北京名菜点3本（第一、二、三辑），广东名菜点2本（第四、五辑），山东名菜点（第六辑）、四川名菜点（第七辑）、苏浙名菜点（第八辑）、上海名菜点（第九辑）、福建江西安徽名菜点（第十辑）、云南贵州广西名菜点（第十一辑）、湖南湖北名菜点（第十二辑）各1本。其中有关"焖"的菜肴如下：

第三辑：黄焖鱼翅

第五辑：上豉焖狗肉

第六辑：黄焖鸭肝、黄焖回网鱼

第七辑：黄焖大鲢鱼头

第八辑：焖肉煎豆腐、黄焖鳗、干菜焖肉

第九辑：黄焖着甲

第十辑：黄焖鱼

第十一辑：煎焖鸭

第十二辑：油焖鳊鱼、黄焖野鸭圆、栗子焖仔鸡、黄焖圆子

从以上的统计情况看，我国20世纪50、60年代时期，"焖"的烹调方法已经广

泛流传和使用，而且以黄焖菜肴居多，这可能由于此时在一些地区的厨行中，尚没有黄焖与红焖的区别，于是把所有使用有色调味品的焖都习惯性地称为"黄焖"。

1966年轻工业出版社出版了一本《大众食堂菜谱》，其中入选了5种"焖"的菜肴，而且南北方都有，包括：焖豆腐、焖扁豆、油焖笋、油焖茭白、西红柿黄焖牛肉等❶。这些都是大众的菜肴制作，适合于家庭烹调。该社将此书于1973年再次修订出版，更名为《大众菜谱》，所选菜肴种类与1966年的《大众食堂菜谱》基本相同，而且保留了原书中的"焖"类菜肴。

20世纪70年代以后，随着我国烹饪职业教育的发展，各地开始编写烹饪技术类的教科书，包括《烹饪技术》和《教学菜谱》等，开始对"焖"的烹调方法有了理论上的界定，在此不一一详述。

3. 鲁菜"黄焖鸡"的前世今生

鲁菜中的"焖"，根据烹饪过程中对调味品的使用区别，则有"红焖""黄焖""酱焖"等之区分。其中以"红焖"应用最为广泛，菜谱记录的红焖菜肴为多，如"红焖肉""红焖羊肉""红焖鱼"等。而以"黄焖"最有特色，是鲁菜中具有代表性的烹调方法之一，如"黄焖鸡""黄焖鸭肝""栗子黄焖鸡"等。"酱焖"则是山东沿海民间流行的烹调方法，基于胶东民间自酿豆酱与海鱼的出产，于是有"酱焖鲅鱼""酱焖黄花鱼"等的广泛应用。

如前所述，"焖"的烹调方法在近代的南方菜肴加工中，也有所运用，以"油焖"之法最为常见，多见如"油焖笋""油焖菌子"之类。但根据对"油焖笋""油焖菌子"加工方法特点的考证可知，"油焖"最早是用于对于鲜笋、鲜菌的保鲜加工方法。但由于"油焖笋"等既可加工后即食，也可以盛装于密封器皿中长期贮存。所以，"油焖笋"成为南方各地方的常见菜肴之一，甚至也有茅盾《林家铺子》中所记载的"红焖肉"之类。但"油焖"与"红焖"烹饪方法的运用时间，都是晚近以来的事。除此之外，菜谱中还有"干焖""罐焖""煎焖"等应用，其时间则要略晚于"黄焖""红焖"等技法。

在鲁菜的黄焖菜肴系列中，传统的菜肴则有"黄焖鸭肝""黄焖回网鱼""黄焖鸡""黄焖鱼翅""黄焖甲鱼"等品种，其中以"黄焖鸡"最有代表性。但黄焖鸡菜肴的制作起始于何时，今天已经没有史料可资研讨和求证其准确年代。仅就目前存

---

❶ 本社编辑室.《大众食堂菜谱》，北京：轻工业出版社，1966年。

留的菜谱的文字记录来看，记录"黄焖鸡"最早的资料是1931年12月印制的《北平菜谱》，其中在"鸡鸭大件部"，列有"黄焖鸡""红焖栗子鸡""红焖干贝鸡""红焖冬菜口茉鸡"等菜品，如图1-11所示。

在这本《北平菜谱》中，黄焖的烹调方法仅有"黄焖鸡"一种，但却是位列"鸡鸭大件部"之中的首位。其后才是三种"红焖"的菜肴大件，说明当时红焖技法的应用较之黄焖要普及得多。《北平菜谱》如图1-12所示。

图1-11 《北平菜谱》影印一　　　　　图1-12 《北平菜谱》影印二

实际上，这本印制于1931年的《北平菜谱》，并非现今菜谱的概念，而是当年辽东饭庄的一本"菜单"，是供客人就餐点菜使用的。据本菜谱及其他资料介绍，辽东饭庄是位于大连市大山道辽东旅馆六楼的一个独立餐厅，为外国人投资开办，但所供应的菜品是一帮山东厨师制作的鲁菜。从菜谱罗列的燕菜、海参大菜，到普通应时小炒，均为鲁菜品类。也就是说，"黄焖鸡"最早出现在鲁菜的菜单之中，因而属于鲁菜大系的代表技法。

令人意想不到的是，笔者在查阅明清及民国旧地方志书资料的时候，偶然在1935年铅印版的《阳原县志》的"生活民俗"中，发现有"黄焖鸡"菜肴的名称与记录，它是出现在阳原县的地方宴席菜单之中，其中有"三十二碟、三十二碗"的豪华宴席，原菜单文字如下：

三十二碟、三十二碗

饭：大米饭加点心六道。

质料：除同前者外（指十六碟、十六碗），加四冷荤：排骨、香肠、腊肉、兔肉；四炒菜：玉兰片、烧紫干、冬笋、蟹肉，水果、干果俱用。

碗加四喜丸子、烧干贝、八宝粥、冰糖莲子、红烧海参、鱼翅、燕窝、红烧鱼、紫鲍鱼、鱼肚、鱼唇、粉蒸肉、豆豉肉、黄焖鸡、红烧野鸭、拔丝香蕉❶。

"黄焖鸡"菜肴赫然在列，而且是出现在当地最为豪华的宴席"三十二碟、三十二碗"之中的。根据记载，阳原县民间较为讲究的宴席是"十六碟、十六碗"，而"三十二碟、三十二碗"则是在"十六碟、十六碗"的基础上再增加"十六碟、十六碗"。增加的"十六碟"有四冷荤、四炒菜、四鲜果、四干果，增加的"十六碗"则有四喜丸子、烧干贝、八宝粥、冰糖莲子、红烧海参、鱼翅、燕窝、红烧鱼、紫鲍鱼、鱼肚、鱼唇、粉蒸肉、豆豉肉、黄焖鸡、红烧野鸭、拔丝香蕉等。从菜肴风格上看，这就是一份鲁菜风味的宴席菜单。其中，运用的"红烧""黄焖"烹饪方法最为突出，而且以"红烧"菜肴居多，包括"红烧鱼""红烧海参""红烧野鸭"等，"黄焖"仅有"黄焖鸡"一种。

阳原县位于张家口地区，属于河北省的一个历史悠久的古县，其菜肴风味与烹饪技法，在历史上明显受到京津、山东饮食文化的影响，中华人民共和国成立以前在地方宴席的菜单中出现"黄焖鸡"的菜肴也是正常的现象。但阳原县民国时期"黄焖鸡"的具体烹调工艺，由于没有记录就不得而知了。《民俗志资料汇编》影印如图1-13所示。

1958年3月蜡纸刻版油印的《济南名菜》和1959年9月由轻工业出版社出版的

图1-13 《民俗志资料汇编》影印

---

❶ 丁世良，赵放.《中国地方志民俗资料汇编：华北卷》，北京：北京图书馆出版社，1989年，第183页。

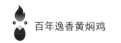

《中国名菜谱》（第六辑），收录了两道"黄焖"菜肴，包括"黄焖回网鱼"和"黄焖鸭肝"，其中没有"黄焖鸡"。但20世纪70年代以来，鲁菜的各种菜谱中都有"黄焖鸡"入列。包括：

1966年编写、1973年油印的《博山菜谱》："黄焖鸡"之外另有"黄焖天花"。

1972年烟台商业学校编写印制的《教学菜谱》：书中红焖、黄焖、酱焖皆有菜谱介绍。

1973年由潍坊市饮食服务公司组织汇编的《烹调技术》培训教材：书中除"黄焖鸡"外，还有"黄焖小鸡""黄焖甲鱼""油焖鲜笋""黄焖肉""原焖丸子""油焖肉干""油焖猪蹄""黄焖猪肝""砂锅原焖鸡""红焖香酥鸡""油焖鸡肝""黄焖鸭""黄焖鸭肝""黄焖梭鱼""酱焖鱼""黄焖鱼""油焖鱼""黄焖鱼翅"等20余款焖制菜肴，是编入焖制菜肴最多的专业教科书。

1978年8月中国财政经济出版社出版的《中国名菜谱·山东》："黄焖鸡"之外另有"油焖鱼""黄焖鸭肝"等品种。

1975年油印的《祖国遗产菜谱》：编有"黄焖鸡"和"红焖鸡"。

……

济南有文字记录的"黄焖鸡"，是济南市饮食公司在20世纪70年代初期编写翻印的《济南菜谱》（第一集）（非正式出版物，没有书号，没有年代）中。该书记录的"黄焖鸡"制作方法如下：

黄焖鸡

（一）原料

雏鸡七两，白糖二钱，甜酱二钱，青、老酱五钱，高汤四两，味精一钱，南酒三钱，鲜花椒一枝，葱一段，姜一片。

（二）制作方法

1. 将净鸡剁去嘴、爪，爪子大骨剔去，把小腿里顺着拉一刀，由鸡脊部劈为两块，均再剁为三公分的方块。

2. 勺内放油八钱，小火烧至六成热时，将糖放入炒汁，炒至鸡血色红时，将甜酱倒入沸熟后，将葱、姜、花椒、鸡块一并倒入勺内煸透，此时放入青、老酱，接着把高汤、南酒放入，开锅后用盘子一叩燆至八成烂时，移至中火上燆，待汤燆汫时烹上南酒、味精，再放上葱油二钱，随即颠匀即成。

（三）特点

色泽鲜艳，香嫩味美❶。

显然，这是经过济南大饭庄、酒楼厨师改进的"黄焖鸡"制作方法，其中的关键环节是运用了"炒糖色"的技艺，并对酱的使用进行了改进，就是济南厨行所谓的"沸酱"技艺。不过，这本菜谱不是正式出版物，由于没有经过严格的校对审核，其中问题较多，姑且不论。但有几个问题可以提出来：一是该菜肴用的甜酱数量极少，与现在的黄焖鸡使用甜酱的数量比较几乎不算什么，所以要加入"青、老酱"；二是这里的"青、老酱"大约是文字错漏，根据同书里的"黄焖回网鱼"文字，用的应该是"青、老酱油"；三是操作过程加入了两次南酒，总计"三钱（15克）"，南酒分两次加，是否烦琐了些，抑或是文字重复的缘故；四是原料中没有列出葱油，但菜肴中使用了葱油，明显的疏忽；五是有两个字需要说明一下，"靠"应该是"㸆"，当时铅字库里没有此字，再说"泞"是烂泥的意思，这里形容汤汁浓厚黏稠的意思。虽然这本菜谱存在很多的问题，却为我们今天研究济南风味菜留下了珍贵的文献资料，如图1-14、图1-15所示。

其后，几乎所有的济南菜谱中都有"黄焖鸡"入列，恕不一一列举。

根据以上的资料表明，"焖"的方法以北方的鲁菜应用较为广泛，而且有可靠的资料证明"黄焖鸡"是鲁菜的代表菜肴之一。

图1-14 《济南菜谱》书影　　　　图1-15 《济南菜谱》影印

---

❶ 济南市饮食公司.《济南菜谱》(第一集). 济南：济南市饮食公司编印。

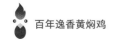

"黄焖鸡米饭"风靡当前快餐市场的文化昭示

如前所述，近几年来，在我国快餐市场上最为亮眼的餐饮品牌，是以鲁菜技艺为背景发展起来的"黄焖鸡米饭"。

黄焖鸡米饭之所以能够在竞争激烈的餐饮市场上异军突起，探究起来有很多因素，非一句话能够解释清楚。但现代餐饮市场的发展中，一个品牌的运作成功，还是有一定的规律或内在因素可循的。"黄焖鸡米饭"在我国快餐市场的良好表现，可以给我们每一个鲁菜餐饮企业和每一个餐饮业者以深刻的启示。

1. 传统鲁菜的优势不可小觑

长期以来，很多人认为，在一个崇尚个性、刺激、时尚、新潮与标新立异的时代，川菜的麻辣特色迎合了追求刺激一族的需求，而粤菜的新潮、融合西餐的特色又迎合了时尚者的需求等。唯有鲁菜的纯正、平和，你中有我，我中有你的平淡口味似乎给人以没有特色的感觉，鲁菜中庸平和的表现成为人们诟病鲁菜落后的理由。于是鲁菜人在此背景下失去了对鲁菜的信心，在近代形成了学习、抄袭、复制其他菜系的风气，而恰恰把鲁菜最为优秀的传统技艺弃之不顾。幸运的是，经过几十年的发展，我们鲁菜人现在已经意识到了这一点。

我们试想一下，至少自我国明代中期以来至改革开放的20世纪70年代以前，鲁菜是明清宫廷御膳、王爷官府饮食、京都商业餐饮的主体，延续时间之久远长达六七百年以上，其原因何在？还有，至少自明清以来至今，鲁菜一直被公认为是我国北方菜的代表，这又是为什么？甚至在中华人民共和国成立后至改革开放前的二三十年间，鲁菜一直雄霸包括山东、京津在内的北方餐饮市场，其辉煌可见一斑。

直到近十几年来，当我们逐渐洗去生活的浮尘、不再盲目躁动的时候，蓦然回首，发现只有鲁菜的中庸平和才是最值得品鉴美食的饮食生活，唯有鲁菜的醇美纯正才是追求自然健康的饮食需求，而鲁菜深蕴的饮食文化更是中国传统文化不可或缺的组成部分。

所以，就鲁菜整体而言，在风格上具有"堂堂正正，不走偏锋"的美德，在口味上具有"平和适中，适应面广"的特点，正好迎合了当前人们所追求的健康饮食。也就是说，于鲁菜而言，在世界上的任何一个地方的任何一个人，都能够接受鲁菜的口味，并且于人体健康都是有益的。鲁菜"黄焖鸡"与"米饭"的创新组合，就充分发挥了鲁菜的这一特点优势，以大众可以接受的味型，并体现在食馔的设计之中，包括米饭的搭配。这是"黄焖鸡米饭"之所以能够风靡大江南北的优势所长，并且一举打破了鲁菜过不了长江的尴尬局面。如今的"黄焖鸡米饭"快餐不仅风靡全国，而且从2015年开始走出国门，目前已经在澳大利亚、新加坡、日本、加拿大、美国等地都有了"黄焖鸡米饭"店铺的身影。

而今，不仅仅是"黄焖鸡米饭"，还有更多的鲁菜企业在我国南方得到了喜人的发展，包括"大董烤鸭""鲁采"等一批规格较高的鲁菜餐饮品牌。

事实证明，不是鲁菜不适合南方人的口味需求，而是我们很多人从来不愿意去发现适合南方人口味需求的鲁菜。

今天，"黄焖鸡米饭"的风靡，告诉了我们以上的市场认知和发展道理。

2.鲁菜产业发展需要创新和发现

山东人一向以"高、大、全"的思维模式闻名于世，讲究体面，许多人开个小餐馆，都要包罗万象、样样俱全，结果不仅是没有特色，而且还什么都没有做好，因而也不会维持太久。黄焖鸡米饭则不同，创意者是把一个产品做到极致，打造一个单品经营为产业发展的理念。类似的案例，如陕西的一个肉夹馍、重庆的一碗小面、广西的一碗螺蛳粉等，都是以小做大的成功典型。但这种以小做大之中是离不开创新和发现的。

据报道，我国最早的一家"黄焖鸡米饭"是诞生于济南的"杨铭宇黄焖鸡米饭"。据了解，杨铭宇的父亲杨晓路是"黄焖鸡米饭"的创办人。也就是说，杨晓路才是"杨铭宇黄焖鸡"餐饮品牌的创始人，"杨铭宇黄焖鸡"是杨晓路及其团队创立的餐饮品牌。杨铭宇是杨晓路的儿子。用自己儿子的名字来命名这个品牌，足以传递出一定要把这个品牌做好的这种决心。杨晓路说："有了这个决心才能有我们独特的酱料，餐饮的根本就是做菜的匠心，去除所有花里胡哨的东西，优质的产品永远是一个品牌长盛不衰的永恒内核。"这就是一个山东人脚踏实地做事的性格和胸怀。

"杨铭宇黄焖鸡米饭"（图1-16）目前在全国有6000多家门店，但口味相似度达到了惊人的统一，在开创首家"杨铭宇黄焖鸡米饭"的时候，杨晓路就决心只卖一道菜，只做好一件事。因为他始终记得其姥姥常说的一句话："最简单的一道菜，哪怕是一碗面，都要用心去做。"而"用心"两个字绝对不是口头说的那么简单，杨晓路从第一碗黄焖鸡米饭开始，就将"用心"付诸方方面面。从食材的选

图1-16 "杨铭宇黄焖鸡米饭"品牌

择,祖传酱料的改良,烹饪的火候,甚至是器皿的选择,都亲力亲为,并坚持着这一道菜的制作,才得以让这道菜俘获人们的胃。

鲁菜有数千年深厚的文化积淀,有无以胜计的产品资源,是一个文化资源宝库。但这资源库里的产品都是我们齐鲁前辈的经验积累,几十年甚至是几百年前的菜肴原封不动地拿来供应人民饮食,这无疑忽略了人类文明不断进化而步入守旧的怪圈。鲁菜的发展需要以守正为本,创新为纲,而这样的创新一定是建立在传承传统优秀技艺的前提下。"黄焖鸡米饭"的应市出现,就体现了鲁菜发展的这个规律。

第一,产品创新首先是发现。"黄焖鸡"是鲁菜中最为大众化的菜肴之一,口味醇厚中正,制作技艺易于掌握,这是传承与守正。在此基础上,对"黄焖鸡"的加工工艺进行标准化处理,确保产品质量的稳定性,而且借助济南人"大米干饭把子肉"和济宁人"甏肉干饭"的搭配方式,用"黄焖鸡"搭配米饭,便是一种文化创意和产品创新。至此完成了把一道特色鲁菜和南北通用的米饭搭配融合成为一种南北咸宜的特色风味小吃的创新。奠定了"黄焖鸡米饭"风靡市场的基础。

第二,产品创新其次是进化。"黄焖鸡"的基础口味是咸鲜与鲁菜规矩的配伍,但新时代人们的审美情趣与口味嗜好都会发生变化。因此,传统的鲁菜"黄焖鸡"需要变化和不断进化,这就是产品创新的活力所在,于是"黄焖鸡米饭"有了各种适应南北消费者口味的新产品。这不仅体现了人类文明不断进化的道理，也是逐渐提升"黄焖鸡"产品质量的发展过程。这是"黄焖鸡米饭"快餐充满生命活力的根本所在。

第三，产品创新有赖于品牌创新。一款好的产品有赖于餐饮品牌的创新与发展。迄今在全国发展至6000多家门店的"杨铭宇黄焖鸡米饭"，就是一个鲁菜品牌创新的典范和成功的例证。目前有更多的以"黄焖鸡米饭"为产品背景的餐饮品牌出现，这不仅不会影响到原创"杨铭宇黄焖鸡米饭"品牌的影响力，恰恰证明了鲁菜餐饮产业发展的无限前景和鲁菜为当下民生造福的社会基础。

当然，黄焖鸡米饭的走红，除了产品守正与创新的成功应用，还在于产品个性的简单实在，不花里胡哨。一个"咕噜、咕噜……"热气腾腾的砂锅，配上几种简单的蔬菜，或香菇、番茄，或青红辣椒……再搭配一碗精白米饭，二十几块钱的实惠价格就可以令人享受美味和充饥果腹。对于当下追求快节奏生活的年轻人来说，就是一种新生活的享受，如图1-17～图1-19所示。

显然，品质过硬的菜品，全新的品牌形象，快捷方便的就餐方式，赢得了广大消费者的信赖。

图1-17 "杨铭宇"品牌形象

图1-18　杨铭宇黄焖鸡

图1-19　人气满满的门店景象

当然，随着我国经济的日益发展和城镇居民生活水平的日益提高，家庭生活社会化的趋势有目共睹，尤其随着网络经济的发展，单品种的餐饮业得到了空前发展。"杨铭宇黄焖鸡米饭"顺势而发，这是对市场机会的把握恰逢其时。

毫无疑问，鲁菜无论是单品抑或是组合产品，都有着广泛的产业发展空间，时代需要鲁菜，鲁菜也应该适应时代发展的需要，济南"杨铭宇黄焖鸡米饭"的发展就是最好的证明。

第二节 济南"路氏福泉居"的前世今生

图1-20 杨晓路与93岁的姥姥

在追溯济南"杨铭宇黄焖鸡"餐饮品牌的发展历程中,有一家名叫"路氏福泉居"的老济南鲁菜馆是绕不过去的。因为,济南"杨铭宇黄焖鸡"餐饮品牌诞生与成功,与"路氏福泉居"有着千丝万缕的联系,甚至可以说"路氏福泉居"是今天"杨铭宇黄焖鸡"的发展源头。也就是说,"杨铭宇黄焖鸡"餐饮品牌的问世,除了有以品牌创始人杨晓路为首的团队的创新创业、不断努力的结果,还有一个重要的原因,就是"黄焖鸡"的技艺传承始于杨晓路姥姥一百多年前的鲁菜馆"路氏福泉居"。

杨晓路的姥姥(图1-20),在本书开始撰写的时候,还是一个93岁高龄的济南餐饮行业前辈(但不幸于2022年12月病故)。虽然一生籍籍无名,但因为她的鲁菜馆后继有人而有了延续。于是,生前她用充满自豪感的语气谈起了关于"路氏福泉居"的往事……

 姥姥家的鲁菜馆——路氏福泉居

老济南的鲁菜馆"路氏福泉居",是一个没有任何资料记录的百年老店铺,严格意义上,它仅仅是一家规模极小的小餐馆。

据杨晓路的姥姥孟昭兰讲,她是在中华人民共和国成立前的头几年出嫁到济南洛口的路家。当时路家有一家小餐馆,名字叫"路氏福泉居"(图1-21),餐馆开在洛口古镇的一个偏僻的小巷子里,由于当时洛口商业繁荣,做生意的人特别多,餐馆的生意很红火。餐馆日常是由她的公公路鹏鹤先生打理,所以婚后除了料理家务,就是到餐馆帮忙干活,慢慢就对餐馆有了一些了解,并跟着公公学到了一些菜肴的烹饪技术。据孟昭兰回忆她的公公路鹏鹤所讲,这家餐馆当时在洛口虽然不很起眼,却开了有些年头了,是当年路鹏鹤的父亲于晚清民国期间,逃荒谋生从原籍新城(即现在的桓台)沿着小清河来到了济南府的洛口镇。父亲看到洛口镇生意繁

图1-21　复制的路氏福泉居旧牌匾

忙，外地人员来洛口做生意的人较多，就在洛口定居了下来。后来，为了生计就在亲朋好友的帮助下开了一家小餐馆，但具体是哪一年开始的也没有明确记载。不过据她的公公回忆说，那一年好像是大清朝发行了第一张"大龙"邮票。根据这个信息，经过核对，这一年是光绪四年，也就是公元1878年。如果这个说法属实的话，路氏家族"路氏福泉居"餐馆的创建，距今已有140多年了。

旧时的洛口（旧称泺口）古镇在晚清民国时候是济南北部最繁华的商业码头，各种商号店铺林立，整个商埠一片繁忙景象。据资料记载，民国时候的洛口，是一个拥有三十六街十二巷子，以及无数小巷子的商埠码头。为了适应商贸经营和服务的需求，商号店铺之外，更有众多的旅店、饭庄、餐馆，以及各种各样的小吃店铺，可谓商贸发达，餐饮繁荣，生意红火。据有关资料记载，当时在洛口较有名气的餐馆有继镇园、松竹楼、四季春等。像"路氏福泉居"一类的小餐馆虽然生意也很不错，但由于数量较多，不会像大的饭庄那样引起人们的注意，一如今天的路边小食店，所以没有被当地的历史资料记录在案，其他档案、书籍中也没有任何记录。"路氏福泉居"模拟场景图如图1-22所示。

图1-22　"路氏福泉居"模拟场景图

杨晓路后来之所以说他的"杨铭宇黄焖鸡"源于姥姥的鲁菜馆，就是因为当年的"路氏福泉居"是以经营特色鲁菜为主。今天所说的鲁菜其实是一个大概念，当年"路氏福泉居"经营的菜品严格意义上是以洛口特产食材为主制作的菜肴，具有洛口商埠码头的商业特色。据杨晓路的姥姥回忆，当时经营的菜肴比较简单，大致包括三类：一是以黄河淡水出产的鱼类为原料的菜肴，如糖醋鲤鱼（图1-23）、红烧瓦块鱼、奶汤鲫鱼、酥鲫鱼之类；二是以当时济南北园出产的蔬菜为原料的菜肴，如莲

图1-23 糖醋鲤鱼

藕、白菜、蒲菜等见长；三是以当地出产的家禽家畜为原料的菜肴，其中以"黄焖鸡""熘肝尖"之类的菜肴最受欢迎。杨晓路的姥姥每每说起"路氏福泉居"，就要说到"黄焖鸡"，这是当时"路氏福泉居"一道特别受客人喜欢的拿手菜，味道好，卖得多，所以印象最深。久而久之，"黄焖鸡"在杨晓路的脑子里形成了难以忘却的印象。当时更没有想到的是，这种家族老人无意间的说教，竟成为他后来事业的基础。

"路氏福泉居"的招牌菜——黄焖鸡

据杨晓路姥姥的回忆说："路氏福泉居"本来就是个小餐馆，所经营的菜品以物美价廉著称，都是亲民的价格和品质，因而受到了民众的喜欢。但由于所经营的菜品和其他饭店、餐馆没有什么区别，都是一些洛口镇常见的饭菜，所以一直处于不温不火的状态。不过，在1913年后，由于从小清河洛口镇到黄台的小铁路建成后，洛口镇的生意越来越红火。这条小铁路，是一条盐运专用线，随着盐运数量的日益增加，洛口镇的商贸也越来越繁忙。洛口镇的商贸兴旺，带动了洛口镇餐饮、住宿业的繁荣。"路氏福泉居"的生意也随之越来越红火，黄焖鸡、糖醋鲤鱼、红烧瓦块鱼、奶汤鲫鱼、蒲菜炒肉、酥海带、醋熘白菜……大受欢迎。但经过一段时间的经营后发现，"路氏福泉居"的"黄焖鸡"（图1-24）卖得最好，甚至成为餐馆的招牌菜品之一。

图1-24　传统菜肴黄焖鸡

"黄焖鸡"为什么能够成为当时受欢迎的菜肴呢？后来经过分析，原因大致如下。

首先，糖醋鲤鱼、红烧瓦块鱼、奶汤鲫鱼、蒲菜炒肉、酥海带、醋熘白菜一类的菜肴，几乎各家都有，因此客人到谁家吃都一样。更何况"路氏福泉居"制作的菜肴水平不一定是最高的。但"黄焖鸡"则不同，好多餐馆没有供应，算是"路氏福泉居"的特色菜之一。因此，前来就餐的客人往往愿意点上一盘尝尝鲜，不承想点吃"黄焖鸡"的客人越来越多。

其次，黄焖鸡的制作技术和口味都是过硬的。当时用的鸡是济南当地有名的"历城鸡"，肉质鲜嫩，口感厚实。黄焖鸡最讲究的调味料是"甜面酱"。"路氏福泉居"当年使用的甜面酱是洛口镇著名酱园"远香斋"酿造的。"远香斋"建于清朝后期，是一家远近闻名的济南酱园，所生产的酱品以酱香馥郁、红亮滑软见长，用"远香斋"出产的甜面酱制作的黄焖鸡浓香隽美，口感鲜嫩，是下酒佐餐的佳品。

最后，就是黄焖鸡的适应性较广。一道菜肴，用来下酒特别适合大众化，而且酒后还可以用来佐餐。黄焖鸡的汤汁浓厚醇香，无论米饭、馒头都是最佳的搭档。因此受到普通民众的欢迎。

由此以来，在众多的餐馆中，"路氏福泉居"的"黄焖鸡"成为洛口镇最具特色的大众菜肴了。然而，随着胶济铁路与京津铁路的相继建成通车后，洛口的商业地位日渐衰落，到20世纪40年代的时候，洛口镇到黄台的小铁路停止了运营。至此洛口镇已经不复往日盛况，大多商业公司、商业店铺搬迁到了济南城里，其中一大部分转移到了济南新的商埠区内。正是在这样的情况下，"路氏福泉居"也随之迁到济南铁路大厂附近，觅得一间临街的小土房，经过简单整理后，用一张油毡篷布，喷上了"福泉居"三个大字，挂在了门头前，既是门头的招牌，也具有挡风遮雨的功能，使"路氏福泉居"得以继续经营（图1-25）。由于地处铁路大厂附近，

图1-25 模拟"路氏福泉居"门头图片

铁路工人较多,"路氏福泉居"的生意出乎意料得火热,但毕竟是一个为附近居民和铁路员工提供果腹小酌的小饭铺,没有什么大的影响力,因此也一直处于默默无闻之中。但一个历经几十年的老字号餐饮品牌得到了传承,这是"路氏福泉居"最难能可贵的地方。

中华人民共和国成立后"路氏福泉居"的变迁

"路氏福泉居"的经营,一直持续了许多年,直到1956年,国家对私有工商业户进行改造,实施公私合营,"路氏福泉居"被合并到位于济南十二大马路的"泰丰园"饭店。至此,一个历经了77年的老字号小饭铺"路氏福泉居"关张停业,消失不再。

杨晓路的姥姥孟昭兰也是在公私合营的时候,与其他人一起成为"泰丰园"的一名正式员工,并且依旧在厨房从事烹饪工作。当年的"泰丰园"是济南西部一家小有名气的饭店,其中有许多烹饪技艺精湛的老师傅。在经营中,除"泰丰园"原有的一些菜品外,还吸收了几家合营进来的餐馆的菜品,其中包括"路氏福泉居"

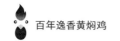

的黄焖鸡、红烧瓦块鱼等菜肴。孟昭兰在"泰丰园"一直工作到20世纪70年代退休为止。

杨晓路出生于20世纪80年代，从小在姥姥家吃住，而姥姥又经常讲起姥爷和太姥爷开饭店的事情，无意间在幼小的心里埋下了对"路氏福泉居"记忆的种子。问题的关键在于世事的无常与不可预测，大概是机缘巧合，初中毕业后的杨晓路进入济南第三职业高中就读烹饪专业，并且从一开始就喜欢上了厨师这一职业。经过三年的烹饪在校学习与饭店实践，他以优异的成绩毕业，走向了社会。开始几年，辗转在几家酒店厨房做厨师，积累了一些厨房管理与烹饪技艺的经验，后来在家人的鼓励下，在2003年开始了自己创业的历程。

1."路氏福泉居"新生

2003年，杨晓路在以姥姥孟昭兰为主的家人的支持下，继承家族经营饭店的旧业，在济南老商埠商业区，位于经四小纬四路的153号，通过租赁的临街门头房，打出"路氏福泉居"老字号的招牌，恢复经营以黄焖鸡、糖醋黄河鲤鱼等为主要特色的鲁菜，开始了创业的历程……

当时的"路氏福泉居"，整个面积大约400平方米，除加工菜品的厨房外，就餐面积大约300平方米，包括6个雅间和一个零点餐厅。餐厅经营的菜品包括传统的黄焖鸡、爆炒腰花、糖醋鲤鱼、滑炒里脊丝等。由于经四路地处济南密集的居民区，周边人们以小酌便饭为主，生意一段时间内红红火火。最令人意想不到的是，周边人们最喜欢的是"黄焖鸡"佐餐米饭的搭配。由于"路氏福泉居"烹制的黄焖鸡是家传自杨晓路姥姥孟昭兰的技法，被誉为"孟氏黄焖鸡"。传统黄焖鸡的制作，一个菜在锅里焖制的时间较长，大约需要40分钟，杨晓路为了保证菜品质量不敢偷工减料。于是，在饭口较忙的时候，就出现了顾客点多了黄焖鸡，厨房加工不出来，就经常发生"压菜"的现象。客人等得时间长了，难免出现不愉快的事情。在这样的背景下，杨晓路开始对传统烹饪工艺进行思索，并与厨房其他厨师商量，对黄焖鸡的加工方法进行了尝试性的改进，采用统一调制黄焖鸡料汁，用高压锅先把鸡块在高温高压下加工至熟软，再换成小陶锅加汤汁加热略微收汁。这样一来，就大大节省了黄焖鸡的焖制时间。经过改良的黄焖鸡，不仅减少了加热时间，而且菜品质量也得到了提升，得到了客人的喜欢。

今天看来，当时杨晓路对传统黄焖鸡技艺的改良，虽然不能说对当时生意红火的"路氏福泉居"起到了关键性的作用，至少也是锦上添花，尤其为后来"杨铭宇黄焖鸡"餐饮品牌的创新奠定了基础。因此，可以说是菜品技艺的创新赋予"路氏福泉居"的新生。

然而，到了2009年，由于济南市市政府对地处经四路的老商埠区进行全面改造，"路氏福泉居"的临街店铺也在改造范围之中。因此，恢复经营的老字号"路氏福泉居"仅仅经历了六个年头后，不得不关门歇业，不免令人有些唏嘘与遗憾。但现在看来，当时"路氏福泉居"的被迫停业，从老字号传承的角度看，是一个不小的损失。但从发展的视角，也许正是因为这样的无奈，才开启了杨晓路新的创业之路。

2. 杨铭宇黄焖鸡品牌的诞生

2009年，"路氏福泉居"因为老商埠区城改原因歇业后，杨晓路便开始了新的探索。他认为，从满足城市居民及其上班族一日三餐的就餐问题，尤其是从符合越来越快的城市快节奏的生活层面来看，人们只需要一盘菜、一碗饭就可以解决的，不是什么特别复杂的事情。但是，这碗菜与这碗饭必须是安全、健康、美味、价廉的才好。这使他联系到了在经营"路氏福泉居"的时候，人们最喜欢的黄焖鸡搭配米饭的吃法。于是，他和他的团队开始了以黄焖鸡搭配米饭的快餐模式进行了试验与充分的准备。经过2010年一整年的沉寂与筹备，杨晓路与所带领的团队经过精心研发、试制，于2011年推出了济南第一家（也是全国第一家）"杨铭宇黄焖鸡米饭"的快餐门店（图1-26）。由于这家门店位于济南市周公祠附近，就理所当然地被命名为

图1-26　杨铭宇黄焖鸡米饭第一家店铺

"杨铭宇黄焖鸡米饭周公祠店",正式开始了"杨铭宇黄焖鸡"餐饮品牌的创业历程。

令人意想不到的是,"杨铭宇黄焖鸡米饭"店铺的第一次亮相,就赢得了广大食客的青睐,特别是赢得了年轻上班族的喜欢。美味价廉,快捷方便,卫生安全,这是早期"杨铭宇黄焖鸡米饭"成功的关键。

第一个模型店铺的成功出场,就赢得了市场的良好反应,令杨晓路一众创业者信心倍增。他们一开始的设计就是以此展开连锁加盟的发展模式,让"杨铭宇黄焖鸡"品牌快速拓展。于是,济南有了第二家、第三家……紧随其后,济南周边的河北、河南、安徽、陕西、江苏等地寻求加盟者蜂拥而至(图1-27)。

2021年及其以前,"杨铭宇黄焖鸡"连锁店铺的运行一直保持着低调稳健发展的良好势头,国内外拥有的连锁店铺已经达到了6000多家,却没有引起人们与社会对这一餐饮快餐品牌的足够关注。直到2021年3月,习近平总书记考察调研福建沙县小吃产业发展时,山东济南的黄焖鸡餐饮品牌被随行人员曝光,"杨铭宇黄焖鸡"餐饮品牌才一夜之间进入了社会高度关注的视野。

通过对"杨铭宇黄焖鸡"品牌成长历程的梳理,我们可以发现,任何一个餐饮品牌的成功发展,不仅其中充满了创业者的辛勤劳动与心血,其背后还必然有着深厚的人文传承与持续的创新。毫无疑问,"杨铭宇黄焖鸡"的成功之路就充分认证了这样的一个道理。

图1-27 杨铭宇黄焖鸡新的门店

第三节 "杨铭宇黄焖鸡" 品牌文化创新

显然，今天的"杨铭宇黄焖鸡"餐饮品牌的面世，是有着一定的历史与人文传承的。从早期洛口古镇"路氏福泉居"诞生，到中华人民共和国成立前"路氏福泉居"迁移至济南铁路大厂附近的小饭铺继续经营，然后到1956年公私合营"路氏福泉居"并入"泰丰园"饭店，再到2003年路家后代杨晓路再次恢复"路氏福泉居"经营，直到2011年"杨铭宇黄焖鸡"品牌诞生。一路走来，其间虽然有着曲曲折折的经历，但人文传承的历史痕迹却是清楚可见的。餐饮品牌文化一脉相承，鲁菜烹饪技艺一脉相传，从未有间断。

所以，今天的"杨铭宇黄焖鸡"品牌，是"路氏福泉居"餐饮品牌的文化传承结果，也是基于传统文化创新发展的结晶。事实证明，包括餐饮品牌文化传承在内的传统优秀文化，只有在传承的基础上坚持创新发展，才能够赋予品牌文化新的生命力。

当下的"杨铭宇黄焖鸡"品牌正是基于传统文化基因的前提下，经过当代人的创新发展，才成就了鲁菜新餐饮品牌勃勃生机发展的典型案例。

不拘泥于传统的创新理念

文脉传承于济南"路氏福泉居"品牌文化的"杨铭宇黄焖鸡"，尊重传统，但又不拘泥于传统，走出了一条属于自己的创新之路。品牌创始之初，就有了明确的定位。从鲁菜经典"黄焖鸡"的产品出发，喊出了"一道起源于姥姥家鲁菜馆的国民料理"的定位，确定了"杨铭宇黄焖鸡"品牌文化的根基，如图1-28所示。

所谓"国民料理"，无非就是为广大民众饮食生活服务的产品设计。所以，物美价廉、快捷方便与安全健康就成为"杨铭宇黄焖鸡"品牌的支柱。一碗黄焖鸡，一碗白米饭，都是用心设计与制作的，这是创业者的初心，更是一位鲁菜传承人的用心与创举。品牌创始人杨晓路如图1-29所示。

快餐要突出"快捷方便"，于是设计了新的黄焖鸡加工工艺与统一调制的秘制酱料，包括先高温高压熟制再分小份加热收汁的方法（图1-30），都是经过精心设计的产品创举。正是这一创举，不仅创造了济南"杨铭宇黄焖鸡"的餐饮品牌，而

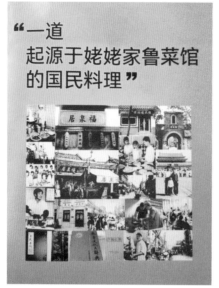

图1-28 品牌文化定位

图1-29 品牌创始人杨晓路

图1-30 小份黄焖鸡加热收汁

且掀起了全国范围内"黄焖鸡米饭"小吃快餐产业的蓬勃发展，从而引领了鲁菜餐饮品牌走向全国的发展势头。

为了快速发展，"杨铭宇黄焖鸡"的创业者们设计了连锁加盟的有效方法。由于一心为顾客，确保了菜品质量，方便了城市民众的饮食生活，"一个家喻户晓的餐饮品牌"在短短的十多年间就普及开来。截至2022年，"杨铭宇黄焖鸡"品牌全国加盟

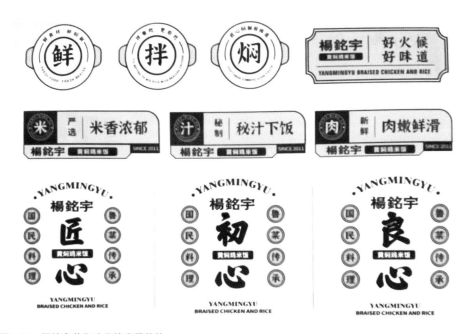

图1-31　杨铭宇黄焖鸡品牌发展趋势

城市达到了500多个，全国累计加盟店铺超过6000家，而且在国外也有100多家的加盟店铺。如此的品牌成就与影响力，在国内的快餐品牌市场中已处于头部品牌的位置。

在品牌设计的连锁加盟中，制定标准，优化程序，加盟支持，以及供应链保障，都成为"杨铭宇黄焖鸡"品牌拓展的有力保障，如图1-31所示。

"杨铭宇黄焖鸡"品牌的优势，经过十多年的发展积累与文化积淀，已经拥有了很大的竞争力，12大优势显而易见，成为加盟者的优先选项。而优化的加盟流程，也起到了良好的推动作用，如图1-32、图1-33和图1-34所示。

图1-32　杨铭宇黄焖鸡品牌优势

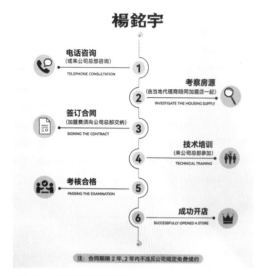

图1-33　加盟流程示意图

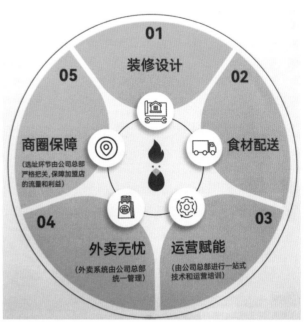

图1-34　加盟总部支持保障

（二）餐饮品牌创新的道路上没有终点

进入21世纪以来，中国餐饮业不仅持续高速发展，而且随着网络经济与电商平台的日益繁荣，也在发生巨大的变化。新业态、新餐饮、新理念的不断出现，都是依赖于不断创新的结果。

一言以蔽之，餐饮业的创新永远在路上，"杨铭宇黄焖鸡"也是如此。

早期仅仅以连锁加盟形式发展起来的"杨铭宇黄焖鸡"品牌，现在已经进入新的发展阶段，甚至进入到餐饮发展新的赛道。

于是，在6000多家连锁加盟店铺的基础上，拓展为餐饮供应链、产业链的发展模式。"杨铭宇黄焖鸡"通过近几年的科研突破，不仅研发出了新的料理包、酱料包、新预制产品，而且创建了自己的食品产业园区，包括供应链的标准化体系等。

"杨铭宇黄焖鸡"一直前进在餐饮创新的最前沿，如图1-35～图1-38所示。

"杨铭宇黄焖鸡"的进化之路，就是鲁菜"黄焖鸡"的创新发展之路，也是未来"杨铭宇黄焖鸡"品牌走向更加广阔发展空间的必由之路。

图1-35　杨铭宇黄焖鸡亮相在2018中国餐饮创新年会上

图1-36　品牌创始人杨晓路在座谈会上

图1-37　杨铭宇黄焖鸡创始人杨晓路在第六届中国鲁菜美食文化节上

图1-38　杨铭宇黄焖鸡狂欢之夜

　　新的时期，新的风采，新的餐饮业态，新的发展理念，引领着"杨铭宇黄焖鸡"不断创新发展。于是，传统的店铺形象有了全新的设计，新的产品不断推向供应链，包括系列文创产品，如图1-39～图1-44所示。

　　在"杨铭宇黄焖鸡"品牌发展的宣传中，有一句振聋发聩的口号：中国的杨铭宇，世界的黄焖鸡（图1-45）。"杨铭宇黄焖鸡"餐饮品牌正在用"一道地道的中国味去征服全世界人的胃"，这是一个大胆的行动设计，也可能成为一个富有传奇色彩的鲁菜佳话。

图1-39 全新的店铺形象

图1-40 预制菜展销大会上的杨铭宇黄焖鸡品牌

图1-41　颇具匠心的文创产品

图1-42　杨铭宇黄焖鸡品牌文创系列

图1-42 杨铭宇黄焖鸡品牌文创系列（续）

图1-43 杨铭宇黄焖鸡未来的发展空间

图1-44　杨铭宇黄焖鸡品牌在国外

图1-45　中国的杨铭宇，世界的黄焖鸡

第·二·章

"杨铭宇黄焖鸡"
之技艺传承

"济南黄焖鸡"是济南地区非物质文化遗产代表性名录项目，它所传承的是鲁菜济南风味的经典菜肴"黄焖鸡"的技艺。

如前面所言，"黄焖"是鲁菜极具代表性的烹调方法之一，其中济南风味的"黄焖"最具有代表性与典型性。"杨铭宇黄焖鸡"正是基于济南"黄焖鸡"的技艺特色传承发展而来。

从历史传承的脉络来看，"黄焖"的烹调方法始于齐鲁民间的菜肴制作技艺，长期以来流行于山东各地民间。山东西路以济南为代表的黄焖技法，以传统菜肴"黄焖鸡"和"黄焖鸭肝"为代表，最为显著的技艺特征就是济南传承久远的"沸酱"与"炒糖色"技艺的应用。山东东路以烟台为代表的"黄焖鸡"制作，则是运用甜面酱腌渍后，经过油炸处理，然后调汁烧焖而成，没有炒糖色工艺。在胶东民间，直接用炒酱汁焖鸡、焖鱼的方法被称为"家常焖"，与黄焖技法有区别。

当前流行全国各地的"杨铭宇黄焖鸡"餐饮品牌，原创于济南。品牌创始人杨晓路在烹饪技艺的传承方面，既有家祖传承的因素，也有师承传授的一面，但其"黄焖"技艺的风格是源自济南风味的黄焖技法，所代表的是鲁菜传统的优秀技艺。

第一节 鲁菜"黄焖鸡"工艺传承及其特征

根据目前研究者对鲁菜"黄焖鸡"技术路线的梳理可以认为，鲁菜流行的"黄焖鸡"的技艺传承大致有三个流行趋势：一是以民间传统家常菜"炒酱"制作技术的流派，是黄焖鸡制作的起源；二是以济南商业饭店餐馆"沸酱"加"炒糖色"制作技术的流派，是在民间"黄焖"技艺基础上的改进与提升；三是以胶东地区"黄酱腌渍"后炸制制作技术的流派，与济南风格有明显的区别。

民间家常菜肴"黄焖鸡"技艺

鸡鸭鱼肉，是我国自古以来广大民众用来节日款待客人、婚丧嫁娶宴客、岁时节俗家人便宴的主要食馔原料。其中由于"鸡"谐音"吉"，"鱼"谐音"余"，因此就有吉祥如意、年年有余等的寓意和象征。于是各地就出现了多种多样制作鸡馔菜肴的烹调方法，而在山东民间传统用大铁锅炖鱼焖鸡的方法层出不穷。

在山东各地的旧时农家，几乎家家户户都有自己酿造酱、醋的习惯。一般是冬季做酱曲，春季温度回升时开始做酱，经过一个春夏的自然发酵与日光的酝酿，深红油亮的酱就酿造告成。北魏贾思勰在撰著的《齐民要术》中有"百日酱"的酿造技艺，是山东民间做酱技艺的真实记录。《齐民要术》"作酱法"的原文较长，兹摘录主要文字于下：

> 十二月、正月，为上时；二月为中时；三月为下时……
>
> 用春种乌豆，春豆粒小而均，晚豆粒大而杂。于大甑中燥蒸之。气馏半日许……
>
> 预前，日曝白盐、黄蒸、草蒿、麦曲，令极干燥。
>
> 大率豆黄三斗，曲末一斗，黄蒸末一斗，白盐五升，蒿子三指一撮……
>
> 搅令均调，以手痛挼，皆令润彻。亦面向太岁，内著瓮中，手按令坚，以满为限；半则难熟。盆盖，密泥，无令漏气。
>
> 熟便开之。当纵横裂，周廻离瓮，彻底生衣。悉贮出，搦破块，两瓮分为三瓮。日未出前汲井花水，于盆中以燥盐和之。率一石水，用盐三斗，澄取清汁。又取黄蒸于小盆内减盐汁浸之。挼取黄潘，漉去滓，合盐汁泻著瓮中。
>
> 仰瓮口曝之。十日内，每日数度以杷彻底搅之。十日后，每日辄一搅，三十日止。雨即盖瓮，无令水入。水入则生虫。每经雨后，辄须一搅。解后二十日堪食；然要百日始熟耳[1]。

《齐民要书》所记录的"酱"的制作方法几乎与后世山东民间做酱的方法完全相同，在此不作赘述也不作古文翻译，仅供读者参考。

在旧时的山东农村，即便是普通的农家也是每年都要酿造一缸面酱和一缸豆酱的。面酱由于使用小麦全粉酿造，成品具有黄亮、微甜的特征。面酱又有黄面酱、甜面酱的称谓。不过后来通过工艺改造，黄面酱以鲜咸为主，而甜面酱则以鲜咸微甜见长。豆酱也称豆瓣酱，使用大黄豆或黑大豆酿造而成，以馥郁酱香、鲜醇味厚见长。

---

❶ 北魏·贾思勰.《齐民要术校释》，缪启愉，校释. 北京：农业出版社，1982年，第418—420页。

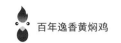

酱（还包括民间的豆豉）在旧时的山东民间，既是重要的佐餐副食，又是须臾不可或缺的调味品，举凡制作家禽、家畜、水产海鲜等，为了去腥除异的效果，无不使用酱来调和味道，几乎是一种普遍的传统和习惯。

传统的农家菜肴制作，以操作简便、方便取材、体现原味著称。年节、待客菜肴多以自家养的鸡鸭和酿造的酱品顺手为之，这是家常菜肴的特点。所以民间流传"一只鸡，一碗酱，天下待客都一样"的谚语，大概所反映的就是这样一种现象。

最早的"黄焖鸡"，其实就是简单的"焖鸡"而已，便是从普通的家常菜肴流行开来的。

济南洛口古镇，自明清以来就是漕运盐商汇集之地，餐饮等服务行业异常发达。当时，个人经营的普通餐馆，规模一般较小，往往以制作家常菜供应客人就餐。根据许多济南老人的回忆，用洛口本地酿造的黄面酱炒散后加入鸡块焖炖而成，用以供应就餐客人，是当时极其流行的做法，这是最早的"黄焖鸡"，传承的是民间烹调技艺。用今天的话语表达就是"家常菜"的风格。

根据1966年编写的《博山菜谱》记录，家常"黄焖鸡"的制作技艺如下。

黄焖鸡

（主料）带骨鸡七两（雏鸡最好）。

（调料）香油半两，酱油半两，甜酱半两；汁汤、南酒、味精、生粉、葱、姜、蒜各少许。

（做法）1. 将净鸡剁成寸长方块，勺内加油，油开放葱、姜、蒜、鸡块煸炒，再放甜酱炒透。

2. 加酱油、南酒、汁汤，移于微火上炖烂，加味精调生粉，盛出即成。

（特点）浅红色，肉烂味美❶。

以上所记录的"黄焖鸡"的烹调方法，就是长期流行于山东各地民间最简单的"焖鸡"菜肴。这种原生态的"焖鸡"方法，在晚清民国期间流传于济宁的《调鼎集》一书中也有记录，书中用的是"焖"字，记录的菜肴有"黄焖肉""烧酒焖

---

❶ 博山饮食（内部资料）. 淄博：[出版者不详]，2013年，第151页.

肉""闷羊肝丝""闷鸡""闷蛋""闷野鸡""王瓜闷鸡"等十多种"闷"制菜肴。此时所记录的"闷"不一定用甜面酱，用酱油、烧酒等均可以。

山东博山民间的家常菜风格与济南一脉相承，旧时都属于齐国文化圈。《博山菜谱》所记录的"黄焖鸡"制作技艺与济南旧时民间的技法完全相同。家常黄焖鸡，仅仅用葱姜蒜爆锅，炒鸡块，而后加入少量的甜面酱与酱油炒透，再加汤和调味料小火煨炖至鸡块熟烂而成。这样简单的加工方法，是典型的民间工艺，甚至连济南传统的"沸酱"技术都没有应用。

由于这种原始的"黄焖"技法来源于民间，早期的时候还没有运用济南特有的"炒糖色"技艺。其实，即便是在后来改良的黄焖鸡技法（加入"炒糖色"）中，依然有许多菜肴运用原始的黄焖技法，如至今流传的"黄焖甲鱼"等。

1973年由潍坊市饮食服务公司组织汇编的《烹调技术》中"黄焖甲鱼"的制作方法如下。

黄焖甲鱼

主料 甲鱼1只（1000克左右）。

配料 肥母鸡1只（1250克左右）。

调料 花椒油100克，料酒50克，葱、姜各15克，八角5克，酱油60克，麻油少许。

制法 1. 将甲鱼和鸡分别宰杀洗净，放入锅内，加水3千克及葱、姜、八角，旺火烧沸后，改用小火煨至熟捞出，拆肉剔骨，将肉切成6~7毫米宽、3~4厘米长的条。

2. 炒锅烧热，下花椒油、姜、葱丝炒成黄色，放入酱油、原汤（煮甲鱼和鸡的汤）、料酒，然后把甲鱼和鸡肉一起放入锅内，焖烧5~6分钟后，淋上麻油少许即成。

特点 清鲜香醇，营养丰富，既是美味佳肴，又是滋补上品。

这种"黄焖甲鱼"的制作中也没有运用炒糖色的技艺，甚至也没有使用黄面酱或甜面酱，仅仅使用了酱油和几种调香的调料，其关键的工艺在于旺火烧开后，改用小火焖炖至熟烂为止。不过，潍坊流行的"黄焖"技法属于山东东路风格，与济南略有不同。

（二）济南餐馆"黄焖鸡"与"沸酱"技艺

现如今，济南各大酒店、餐厅传承的"黄焖鸡"烹调技艺，是在原来济南民间家常"黄焖鸡"的技术上融合济南的"炒糖色"与"沸酱"技艺改进而来的。

随着餐饮业的发展，许多饭店、餐馆经营规模日益扩大，菜肴制作水平也得到了很大提高。传统的黄焖鸡就是简单的酱汁焖炖，色、形、汁皆有欠缺。民间的"黄焖"技术进入到大饭店后，经过厨师的不断改进，把炒酱进化为济南厨师特有的"沸酱"技术，为了改进菜肴的色泽，于是又添加了"炒糖色"的技艺，使改进的"黄焖鸡"酱香不减，但红亮油润，色形等感官性状更加完美。

"黄焖鸡"被济南人编入菜谱形成文字记录，是始于济南市饮食公司在20世纪70年代编写的《济南菜谱》（第一集）中，所记录的"黄焖鸡"制作方法，原文如下。

黄焖鸡

（一）原料

雏鸡七两，白糖二钱，甜酱二钱，青、老酱五钱，高汤四两，味精一钱，南酒三钱，鲜花椒一枝，葱一段，姜一片。

（二）制作方法

1. 将净鸡剁去嘴、爪，爪子大骨剔去，把小腿里顺着拉一刀，由鸡脊部劈为两块，均再剁为三公分的方块。

2. 勺内放油八钱，小火烧至六成热时，将糖放入炒汁，炒至鸡血色红时，将甜酱倒入沸熟后，将葱、姜、花椒、鸡块一并倒入勺内煸透，此时放入青、老酱，接着把高汤、南酒放入，开锅后用盘子一叩爝至八成烂时，移至中火上爝，待汤爝泞时烹上南酒、味精，再放上葱油二钱，随即颠匀即成。

（三）特点

色泽鲜艳，香嫩味美❶。

这是经过济南大饭店、酒店厨师改进的"黄焖鸡"制作方法，其中的关键环节

❶ 济南市饮食公司.《济南菜谱》（第一集）. 济南：济南市饮食公司编印。

是运用了"炒糖色"的技艺，并对酱的使用进行了改进，就是济南厨行所谓的"沸酱"技艺。

根据中国财政经济出版社1978年出版的《中国菜谱·山东》一书的记录，济南厨师运用的炒糖色工艺如下：

> 糖色：炒勺放在旺火上，放入白糖一两、清水一两、烧沸后，用手勺不断搅炒一、二分钟，待水分见干时，将勺移至微火上继续搅炒至糖呈黑红色，即冒青烟时，迅速倒入二两开水，搅匀后即为糖色 ❶。

鲁菜中的"炒糖色"技艺在传统的鲁菜制作技艺中被广泛运用，尤其是济南风味流派的烹饪特色之一。糖色，主要是为了增加菜肴（汤汁）的色泽，使较淡的色泽变成红亮的颜色。红亮的颜色可以令食者增进食欲。同时，部分被高温焦化的白糖略带有苦涩味道，具有化解水产、畜禽食材异味的效果。"炒糖色"的技术是运用糖在高温时可以焦化的特点，炒糖色时的温度把握非常重要。火候小了，颜色不够，火候过了，糖色徒生焦苦味，影响菜肴味道。因此，"炒糖色"是济南风味菜肴制作中的一项专门技术，没有长期的临灶经验不足以掌握。

济南"黄焖鸡"制作中运用的另一个重要技艺特征，是"沸酱"，也是济南厨师独有的烹饪技艺。

"沸酱"，也称"飞酱""炒酱""油炒酱"，传统的家庭炒酱方法，不过是把酱放入锅中加油炒散，然后加入汤汁搅匀，加入主料用火煨炖即可。但经过济南厨师改进的"沸酱"技术，是要把甜面酱（包括其他酱）在适当的油锅中，运用适中的温度，慢慢搅炒至酱香溢出，达到酱汁滚沸的状态，但又不能炒煳，酱呈细腻均匀的油亮液体状态。就是油脂和酱液达到最大融合的效果，最大限度地释放出酱应有的调香、除异、化腥、解腻的功能，而后再加入其他的物料。所以，"沸酱"是济南厨师独有的技艺，也是衡量一个厨师基本功的项目之一。

济南风味菜肴中，"炒糖色"与"沸酱"技艺的运用，使鲁菜"黄焖"技法得到了完善与提升，成为鲁菜特色的烹饪技法之一，并因此成就了一大批富有特色的鲁菜名馔。

1959年出版的《中国名菜谱》（第六辑）记录的是山东风味菜肴。第一批《中

---

❶《中国菜谱》编写组.《中国菜谱·山东》，北京：中国财政经济出版社，1978年，第260页。

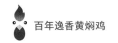

百年逸香黄焖鸡

国名菜谱》共六辑，是中华人民共和国成立后由国家级出版社正式出版的第一套菜谱书目。山东风味菜中有"黄焖鸭肝"和"黄焖回网鱼"，记录菜谱如下。

黄焖鸭肝

（一）原料

鸭肝一斤，水发冬菇一两，水发玉兰片一两，清汤六两，酱油一两，白糖五钱，葱段三钱，姜（拍扁）一钱，甜面酱二钱，绍酒五钱，葱椒泥五分，熟猪油二两。

（二）制法方法

1. 将鸭肝洗净，在沸水中烫过，切成五分宽的长条，用竹扦在每条鸭肝上划上一个小口（易进汤汁）。玉兰片切成一寸长、半分厚的片；冬菇每个切为两半，均用沸水烫过。

2. 炒勺内放入猪油（一两），在中火上烧至六成热，放入白糖炒至红色时，加清汤（一两）、酱油、葱椒泥、葱、姜、玉兰片、冬菇，煸炒几下，倒入碗内。

3. 炒勺内放入猪油，在中火上烧至七成热时，加甜面酱煸炒出香味，再放入鸭肝、清汤、绍酒、冬菇、玉兰片煨炖五分钟（汤剩三分之一），去掉葱、姜，盛入盘内即成。

（三）特点

此菜色泽红润光亮，鸭肝软嫩，味鲜美，营养丰富❶。

这里记录的"黄焖鸭肝"即运用了"炒糖色"技术，也运用了"沸酱"技艺。由于特色技艺的处理，以至于"黄焖鸭肝"成为鲁菜中的代表菜肴之一。包括在北京知名的"北京烤鸭"店中，"黄焖鸭肝"都是著名的特色菜肴。

下面是"黄焖回网鱼"的菜谱记录：

黄焖回网鱼

（一）原料

回网鱼一条（黄河产，一斤半），肥廋猪肉四两，植物油三斤（耗一两

---

❶ 商业部饮食服务局.《中国名菜谱》(第六辑)，北京：轻工业出版社，1959年。

半），大蒜二两，猪油二两半，清汤二斤半，面酱一两半，料酒一两半，酱油一两，深色酱油五钱，白糖一两二钱，水团粉二钱，味之素少许，葱姜少许。

（二）制作方法

1. 将鱼开膛取出五脏（注意勿将苦胆弄破），挖去两鳃；用水洗净，剁去鱼翅。

2. 先将鱼唇剁下（约一寸长），再将鱼切成长二寸、宽五六分的小块，用清水洗净，放酱油二钱拌匀稍腌。

3. 将猪肉切成长一寸半、宽五分、厚一分的薄片。葱姜去皮，切成七分长的象眼片。大蒜摘去根梢。

4. 用旺火将油烧至十成热，放入鱼块，炸至呈浅红色时捞出控干，放入砂锅内。

5. 取猪油一两在勺内烧至六成热时，放入葱姜稍炒，随即放入肉片，用手勺拨动。煸匀后，将肉拨至勺边，放入面酱，在勺心炒熟掺入肉片，放入酱油八钱和深色酱油、料酒一钱、白糖七钱、清汤二斤拌匀倒入砂锅内。

6. 再取猪油一两、白糖五钱放入勺内，炒至呈紫红色时，放入清汤半斤，烧开后，倒入砂锅内。

7. 将砂锅放至中火上，烧开后撇去浮沫，再用微火煨炖约二小时，待汤熯去三分之二时，用漏勺将鱼捞出，整齐地摆在盘内（马鞍形），将鱼唇摆至中央。再将砂锅内的原汤倒入勺内，用微火焐至剩半斤左右，加水团粉二钱打芡后，放入剩余的料酒、味之素调匀，倒入盘内即成。

（三）特点

此菜鱼肉肥嫩，鲜美不腻[1]。

这种"黄焖回网鱼"的制作工艺相对于"黄焖鸡"的制作要复杂一些。鱼要经过油炸，然后用面酱等炒成汤汁，一起放在砂锅中，再炒糖色倒入汤汁中，在砂锅煨炖2小时，再用原汤汁勾芡浇入鱼上即成。这种黄焖的方法已经具备了几个特

---

[1] 商业部饮食服务局.《中国名菜谱》（第六辑），北京：轻工业出版社，1959年。

点：一是面酱为主，又加入了深色酱油；二是单独炒糖色应用；三是锅具改用的是砂锅。以上的三个特点都是济南风味黄焖技法的体现。现在经过改进的"杨铭宇黄焖鸡"就是传承了砂锅"黄焖"的方法。

胶东地区"酱渍"油炸的黄焖鸡技艺

炒酱汁焖炖菜肴的技法在山东各地民间广泛应用，但方法运用上各地则略有区别。在以烟台为代表的胶东地区，举凡用酱汁焖鱼被称为"家常焖鱼"，民间有用酱焖鸡的菜肴，也没有特别的称呼，大多数以"炖鸡""焖鸡"随意称之。在胶东的饭店、餐馆中也有"黄焖鸡"的菜肴，但制作上则与济南不同，其操作方法在中国财政经济出版社1978年出版的《中国菜谱·山东》中有记录，原文如下。

黄焖鸡

(原料) 宰好的雏鸡一只（约重一斤），甜面酱六钱，葱片五钱，姜片一钱，酱油五钱，清汤八两，花椒一分，八角三分，绍酒五钱，精盐四分，湿淀粉六钱，花生油一斤，花椒油一钱。

(制法) 1. 将宰好的鸡洗净，从脊骨中间劈为两半，剁去嘴尖与爪，用甜面酱（三钱）浸渍，再用湿淀粉（三钱）沾匀。

2. 炒勺内放入花生油，在中火上烧至六成热时，将鸡入油炸一分钟，至鸡皮呈黄色捞出。炒勺放入油（三钱），加进葱、姜、花椒、八角，炸出香味后，加入甜面酱略炒，再放酱油（二钱）、清汤、精盐，然后将鸡块放入锅内，烧开后撇去浮沫，移至微火上，加盖煨炖十分钟，至汤爆去一半时捞出。抽去脊椎、大腿骨，肉皮面朝下，放在砧板上，剁为三分宽的长方块，原样摆入盘内，再将炖鸡的余汤倒上，放入笼内用旺火蒸二十分钟取出。原汤出，鸡肉扣入盘内。

3. 将蒸鸡的原汤倒入炒勺，加入酱油（三钱）、绍酒烧沸，撇去浮沫，用湿淀粉勾芡，淋上花椒油，浇在鸡上即成。

(特点) 此菜汁红润发亮，鸡肉酥烂香浓❶。

---

❶ 《中国菜谱》编写组.《中国菜谱·山东》，北京：中国财政经济出版社，1978年，第140页。

这种"黄焖鸡"制作方法与传统济南风味的"黄焖鸡"明显不同。首先，它强化突出了使用甜面酱的特点，炸鸡之前要用甜面酱腌渍，汤汁中甜面酱也是主要调味品；其次，没有运用济南特有的"炒糖色"的技艺，因为糖色的颜色过于浓重，这与胶东人趋于口味清淡、颜色艳丽的审美风格不相符；再次，鸡在加热处理上先炸制使其上色，再焖炖使鸡肉充分入味，提高了技术含量；最后，剔除鸡骨后再运用蒸的方法，使鸡块达到酥软无大骨的效果，浇汁后自然色泽红亮，口感柔软，口味馥郁，是一道美味的菜肴。

菜谱所记录的这种"黄焖鸡"的制作方法，体现了胶东风味菜肴的烹调特点，但技艺上过于复杂，在实际应用中，有时是要进行简化的。一般是将鸡剁成核桃大小不规则的方块，用甜面酱浸渍后，用热油炸至七八成熟捞出，再炒酱汁入锅中焖炖至熟烂即成，也富有特色。这与1966年编写的《博山菜谱》所记录的"黄焖天花"的制作技艺几乎是一致的。

黄焖天花

(主料) 生天花六两。

(调料) 油、白糖、酱油、甜酱、南酒、味精、盐、葱、姜末、花椒油、干生粉各少许。

(做法) 1. 将天花洗净上笼蒸熟，每个天花切四块或六块，撒上细干生粉，用开油锅炸透捞出。

2. 勺内加油，油开投白糖，炒呈浅红色，加甜酱略炒，放葱、姜、汁汤、天花烧燴，盛入盘，就勺加汁汤、味精、南酒、酱油、盐，汤开调生粉，见浓浇入盘，淋上花椒油即成。

(特点) 嫩香、味厚、略带甜味❶。

为了增强"黄焖天花"的红亮颜色，厨师运用了炒糖色的技法，但所炒糖色强调是浅红色的，也是尽量保留了糖的甜味特色。

---

❶ 博山饮食（内部资料）. 淄博：[出版者不详]，2013年，第151页。

·四· "油焖"及其他

"焖"的烹调方法，不仅有北方的"黄焖""红焖""酱焖"等应用，而且还有南方较为常见的"油焖"方法的应用，最常见的菜肴是"油焖笋"。下面摘录的是1966年轻工业出版社出版的《大众食堂菜谱》(第一辑)中的"油焖笋""油焖茭白"的制作方法。

> **油焖笋**
>
> (一)原料
>
> 鲜笋肉(净重)四两，麻油少许，花椒、糖、黄酒各少许，植物油一两，酱油适量。
>
> (二)制作方法
>
> 1. 笋洗后切成约一寸半长的条形，略拍松。
> 2. 烧热油锅，放入花椒，待花椒发黑时把花椒捞出，将笋放入锅内煸，不断炒拌，到笋略收缩、色微黄时，加入黄酒、酱油、糖，将锅子转动，使笋翻身。
> 3. 再加适量沸水(约一勺)，把锅放在文火上烤约七八分钟，待汤收干时加少许麻油，将笋翻拌即可起锅入盆❶。

"油焖笋"在南方生长竹子的地方都有制作，不过传统的"油焖笋"严格意义是一种对鲜竹笋的保鲜方法。加工方法也较为简单，把鲜竹笋经过焯水处理后，再用调味品略炒，然后放入装有植物油的陶坛或瓮中，密封坛口，即可保持较长时间，用时随开坛子随取，几乎与新鲜的笋差不多。后来，在此基础上，人们就把油焖笋的加工方法发展为一种即烹即食的菜肴，成为富有竹乡特色的名馔而广受人们的喜欢。

> **油焖茭白**
>
> (一)原料
>
> 茭白(净)三两，猪油半斤(约耗五钱)，酱油一钱半，麻油一钱，精盐

---

❶ 本社编辑室.《大众食堂菜谱》(第一辑).北京：轻工业出版社，1966年，第50页。

二分，白糖一钱，味精二分。

（二）制作方法

1. 茭白切条块，长约寸半，宽约四分。

2. 旺火热锅，加入熟猪油约半斤，待烧至六成热，下茭白炸约一分钟，
   滤去油，加入酱油、盐、糖、味精，再烧一二分钟，淋上麻油即可
   出锅❶。

这种"油焖"的烹调方法除在调味上都使用了酱油、糖、麻油（香油）之外，
似乎没有其他特色，与鲁菜的"焖""黄焖"也没有技法上的一致性。即便是包括
南方菜谱中也命名为"黄焖"技法的菜肴，其工艺与现在流行的鲁菜黄焖技法也有
一定的区别。如由江苏人民出版社1958年出版的《江苏名菜名点介绍》一书中，
记录了"黄焖着甲""黄焖鳗"两种菜肴。"黄焖着甲"的制作方法如下：

黄焖着甲

黄焖着甲亦是苏州名菜，以"松鹤楼""新聚丰"两菜馆烹调的较为著名。
熟的着甲呈酱红色，卤汁浓厚，油如金黄色，味咸稍带甜，营养丰富。

主要原料与配料：着甲肉一斤，猪肥肉一两五钱，冬笋一两五钱，香菇一
两，酱油二两五钱，冰糖一两五钱，黄酒二两，猪油一两，菜油五钱，麦
粉、葱、姜、麻油少许。

烹调过程与方法：将着甲肉放入锅内烧至半熟时取出，放在清水盆里洗净
出骨，切成小方块状放在锅里，另用菜油、葱、姜熬透后，倒在鱼肉上
面，用旺火烧，随即放黄酒二两焖透，略加原汤（鸡、肉汤）、酱油、冰
糖、猪肉和大蒜头，用文火煮两小时左右，再放冬笋、香菇、麦粉烧一
下，随即起锅，吃时加一些熟猪油和麻油❷。

"黄焖鳗"的制作方法与此完全相同，不再摘抄。显然可以看出，江苏菜里的
"油焖"与"黄焖"基本上没有什么区别，加工过程基本完全相同。只不过"油焖"
是酱油加白糖调味，而"黄焖"是酱油加冰糖调味，对此不作详细介绍。

---

❶ 本社编辑室.《大众食堂菜谱》（第一辑），北京：轻工业出版社，1966年，第51页。

❷ 江苏省服务厅.《江苏名菜名点介绍》，南京：江苏人民出版社，1958年，第16页。

 第二节 鲁菜 "黄焖鸡"
不同流派与技艺特色

根据前文的介绍，我们可以看出，鲁菜中 "黄焖鸡" 的制作工艺大致相同，但仔细分析起来，还是有明显区别的，这恰恰代表了鲁菜大系中不同的风味流派。

 黄焖鸡的技艺特色与流派

依据烹调技艺的特色，我们可以把鲁菜中的 "黄焖鸡" 分为三个风味流派，包括老济南民间的 "黄焖鸡" 技艺，济南历下官府、饭店改进的 "黄焖鸡" 技艺和胶东地区流行的 "黄焖鸡" 技艺。

1. 老济南民间的 "黄焖鸡" 技艺

我们这里所说的 "老济南"，起码是指晚清民国时期至中华人民共和国成立之前。晚清以来，我国民众遭受了内忧外患的困难生活，即便是在没有战争的地方民间，人们能够吃饱肚子的年景也是不多的。只有逢年过节、婚丧嫁娶，以及迎送往来待客时，才能够通过长期积攒（包括农家自养或是购物券）的动物类食材，制作几个大菜或是硬菜（是指以肉食为主料的菜肴），如图2-1所示。老济南的 "黄焖鸡" 就是这些大菜或是硬菜之一，并具有以下的技艺特征。

首先，突出自主农耕物产的自足性特征。这些大菜菜肴的食材大多数是来自民间自养、自制的。如旧时农村几乎家家都有豢养的鸡、鸭、猪、羊等，自家地里种植的五谷杂粮、瓜果蔬菜等，以及自家酿造、腌制的酱、醋、豆豉及各种腌腊制品等。在旧时的农村，鸡和猪大抵是家家户户要养的，遇有重要待客饮宴活动，杀鸡宰猪是民间常见的事情。还因为 "鸡" 与 "吉" 谐音，故用鸡制作的菜肴是喜庆、年节餐桌上必备的佳品。

其次，民间菜肴制作，工艺一般较为简便。简单的家庭厨房，简便的操作工艺，简易的配料调料。原生态的民间 "黄焖鸡" 恰恰就代表了这样的民间烹调工艺。制作传统的民间 "黄焖鸡"，不过一只鸡，一碗甜面酱，外加葱、姜、蒜、食盐、料酒而已。工艺上也就是剁鸡块、爆香煸炒，再炒酱汤焖炖而成。

最后，没有复杂的调味，以突出食材本味见长。这几乎是所有农家菜肴制作的特点之一。因为原材料新鲜,旧时的鸡鸭猪羊喂养时也没有现在的饲料添加等。所以异味、腥臊等用简单的调料,如葱姜蒜等就可以发挥去除异味的作用,而甜面酱的加入,更强化了这种调味效果。甜面酱中的甜味可以化解鸡鸭等禽类的异味,而所含有的各种植物蛋白质经过发酵产生的多种呈鲜味的物质,使鸡所含有的动物性鲜味物质与甜面酱所含的植物性鲜味物质有机融合,形成了五味调和于一体的复合美味,而且能够充分彰显出鸡肉原有的美好味道。加上长时间焖炖,使鸡肉得到了充分的入味,把"黄焖鸡"的优点完全显现了出来,成为人们喜欢的菜肴也就在情理之中了。

图2-1 百年前的济南乡村景象

2. 济南历下官府、饭店改进的"黄焖鸡"技艺

传统民间的"黄焖鸡"菜肴,用于普通的家庭待客或年节自己食用,无论是在味道上还是实惠程度上都堪称美味佳肴。但由于直接炒酱汤,成品菜肴的汤汁难免浑浊不清爽,而且由于酱汤呈现土黄色,不是特别的令人悦目。加之刀工处理上也较为粗糙,菜肴不是特别的精细,这是所有家常菜肴制作的特点之一。

传统的民间"黄焖鸡"一旦进入官府厨房或是进入规模较大的饭庄、餐馆中,就显现出它的不足。但由于黄焖鸡本身深受客人喜欢,于是大饭庄的厨师或是官府厨房的厨师,就对传统民间的"黄焖鸡"进行了技艺上的提升处理。这个过程究竟起始于何地何时，是先在大饭庄还是官府厨房，由于文献记录阙如就不得而知了。但这种技艺的改进，是从晚清以来山东的省会城市济南开始的是无疑的。20世纪30年代的趵突泉如图2-2所示。现在流行的"黄焖鸡"充分展示出来济南菜的风格，其特点主要有如下几个方面。

图2-2　20世纪30年代的趵突泉

　　首先，是对用酱的精选。传统民间"黄焖鸡"的特色是甜面酱的使用，而旧时济南素以酿造各色酱品、酱油、醋等著称。据可靠资料记载晚清民国期间，仅洛口古镇就有十几家有名气的酱园、酱铺等。不同的酱园所出产的甜面酱是略有差异的。如有的色泽黄亮，有的黄中略带红色；有的酱汁细腻滑润，有的颗粒略显粗糙；有的味道甜中融合咸鲜，有的则是咸鲜中略带甜味等。为了达到最好的调味调色效果，大饭庄的厨师就选用细腻红亮、酱香馥郁的酱品。这样一来，黄焖鸡使用的酱品较之民间自制的酱品就更加讲究了，充分展示出来官府厨房或是大饭庄厨师的专业技术水平的高超。

　　其次，用酱不是简单地在汤汁中随便加入搅和，而是在加入时在锅内用细火把酱品炒至发散细腻、酱香浓郁的程度，就是现在行业中所称为的"沸酱"。由于"沸酱"有一定的操作要求和技术含量，既不能炒过炒糊，也不能因火候掌握不到位把酱炒成了酱疙瘩。所以，"沸酱"不是随便一个新入行的厨师就能够掌握的。经过

"沸酱"技术的处理,"黄焖鸡"的汤汁就不会浑浊不清爽,这就提高了这一普通菜肴的技艺性。

再次,为了使"黄焖鸡"汤汁颜色更加富于引人食欲的效果,济南大饭庄的厨师又把"炒糖色"的手法用到黄焖鸡的制作中。运用白糖在高温环境下焦化变色的性质,而黑色的焦糖经过适量热水的稀释,就可以得到不同程度的红亮颜色,如深红色、酱红色、红色、鲜红色、浅红色等。同时适量糖色的加入还能够有效化解家禽的异味,从而全面提升了"黄焖鸡"的整体效果。

最后,如果从烹饪专业的角度看,经过改进的"黄焖鸡"较之传统民间"黄焖鸡"的制作,有了很大的品质提升,而这完全有赖于菜肴制作技术含量的增加。特别是"沸酱"和"炒糖色"技艺的运用,加之大饭庄厨师刀工水平的精致和讲究,使"黄焖鸡"这一菜肴一举成为饭庄、酒楼、餐馆热卖的菜品之一。

3. 胶东地区流行的"黄焖鸡"技艺

从较为宏观的意义来说,鲁菜大系是由以济南为代表的西部农耕地区饮食风味和以烟台为代表的东部沿海地区饮食风味融合形成的。前者是农耕文明背景下的食馔制作技艺与食俗文化的代表,后者是以海洋文化为背景下的食馔制作技艺与食俗文化的代表。烟台山远眺如图2-3所示。济南菜与胶东菜比较起来,有很多的食材处理与技艺运用是有区别的。其中,"黄焖鸡"的菜肴制作,济南风味和胶东风味就有着明显的区别。胶东地区流行的"黄焖鸡"制作技艺的主要特征如下。

图2-3 烟台山远眺

首先，使用"甜面酱"的方法与济南风味有着明显的不同。胶东厨师制作的"黄焖鸡"也使用甜面酱，但不是用来炒酱制作汤汁，因而也就没有"沸酱"技艺的表现。胶东风味"黄焖鸡"是用甜面酱浸渍鸡块，起到基础调味的作用。

其次，胶东风味"黄焖鸡"的色泽以黄亮微红见长，它的颜色是来自油炸起色和汤汁中酱油的颜色，不是运用"糖色"来增色。因此，胶东的黄焖鸡制作没有"炒糖色"的技艺运用。这大约与胶东菜追求清淡雅致的审美风格有关。所以，在胶东厨师的技艺运用中，几乎很少有炒"糖色"的菜肴，包括"黄焖鸡"的制作中。

再次，胶东风味"黄焖鸡"的制作中，为了达到菜肴应有的黄亮微红的颜色效果，则采用甜面酱浸渍鸡块后，再用热油炸制处理的方法。经过炸制的鸡块上色微红，再经过酱油调制的汤汁中焖煨，最后变成了黄亮中微带红色的效果。这种颜色不浓不淡、清素淡雅，符合胶东菜肴的整体审美风格。

最后，经过焖煨的鸡块还要进行蒸锅处理，主要是为了增加鸡肉的柔软与口感效果。但这同时也增加了"黄焖鸡"加工制作的时间。实际上，在实际的应用中，一般把炸制的小块鸡肉，在汤汁中焖煨至酥烂软绵即可，不需要再放笼屉里蒸制。

通过以上的分析总结，可以看出，鲁菜中的"黄焖鸡"制作有三种风味流派，各有特征，形成了鲁菜黄焖鸡的丰富多样和能够成为鲁菜代表的原因所在。老济南传统的"黄焖鸡"以原生态本味、工艺简便见长，而经过改进提升的济南"黄焖鸡"更加赋予了鲁菜的技术含量和品质水平，胶东风味的"黄焖鸡"则充分展示了海洋文化背景下厨师对于家禽菜肴的处理方法。

仅仅一个"黄焖鸡"菜肴的丰富多彩，就足以展示鲁菜大系烹调技艺之精湛与文化蕴涵之深厚。

"杨铭宇黄焖鸡"的技艺传承特色

当前市场上的"杨铭宇黄焖鸡"餐饮品牌的成功运行，毫无疑问是得益于鲁菜"黄焖鸡"的传统技艺。根据品牌创造团队的经验介绍，"杨铭宇黄焖鸡米饭"产品的诞生，是经历了四个传承阶段的不断改进创新而成的，但它的文化基因则是源于济南风味鲁菜的传统技艺。

1. 第一阶段：传承传统洛口古镇民间原生态"黄焖鸡"的制作技艺

"杨铭宇黄焖鸡"的餐饮品牌，被主要创始人誉为"姥姥家的鲁菜馆"，这主要是基于一百多年前洛口古镇有一家姓路的普通人家，为了谋生，在当时商人来往频繁、商业繁荣的古镇上开了一家小小的餐馆，名字叫"路氏福泉居"。因为是小本生意，小餐馆经营的食品则是以给普通小商贩提供就餐为主，家常菜特色，实惠好吃，物美价廉。在这个当时洛口古镇并不起眼的小餐馆中，就有当地民间流行的"黄焖鸡"。当时的黄焖鸡用甜面酱炒汁煨炖至熟烂，鸡肉、汤汁融合，佐酒下饭皆宜，因而成为人们喜欢的菜肴之一。后来随着洛口古镇盐运货品的发达，1913年，开通了从济南黄台到洛口古镇的小火车，商贸经济日益发达。当时的洛口古镇已经成为济南北部最为重要的经贸码头与商业重镇，洛口古镇上的旅馆、饭庄、餐馆等也一片红红火火的景象。

但随着济南市区胶济铁路线的开通，以济南站为中心形成的商业区也得到了快速发展，尤其是随着1905年济南成为对外开放的内陆商埠码头，商埠区的商贸经济得到了繁荣发展。而与之相比较的是，洛口镇的许多商家开始搬迁到了济南的商埠区。也就是在这个时候，即中华人民共和国成立前的几年间，在洛口的"路氏福泉居"也随之搬迁到了位于济南站附近距离铁路大厂不远的地方，继续经营，但规模依然不大。20世纪30年代的济南火车站如图2-4所示。此时"杨铭宇黄焖鸡"品牌创始人杨晓路的姥姥孟昭兰，成为餐馆的主要管理者和技术人员。由于地处人来人往的要地，餐馆生意一直不错，而继续以制作"黄焖鸡"等普通大众菜肴为主，制作方法依然是洛口民间传统的炒酱汁焖炖的方法。

图2-4　20世纪30年代的济南火车站

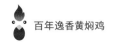

2．第二阶段：传承济南大饭店改进的"黄焖鸡"制作技艺

1956年，随着我国对私有化企业的改造，"路氏福泉居"与"四仙村"两个小私家餐馆一起合并到了当时位于十二大马路，即今天的纬十二路上的"泰丰园"饭店。"路氏福泉居"完成了公私合营的改革后，孟昭兰等人也就成为"泰丰园"饭店的正式员工了。

与当时国营的"泰丰园"相比较，"路氏福泉居"和"四仙村"都是小作坊式的餐馆，其菜品虽有特色，但终究是以家常菜风格为主。公私合营以后，这两个小餐馆的一些特色菜品也被引进到"泰丰园"的经营中。由于"泰丰园"是国营大酒店，店内有许多技艺高超、经验丰富的老师傅，传统民间"黄焖鸡"的制作方法借助大饭店厨师的力量，得到了技艺上的改进，把济南传统的"炒糖色"技艺和"沸酱"技艺运用到了"黄焖鸡"的制作中，使家常方法制作的"黄焖鸡"得到了全面的品质提升，并因此成为济南风味菜的代表之一。

孟昭兰在"泰丰园"饭店一直工作到20世纪70年代退休为止。但对于"黄焖鸡"的制作技艺却一直牢记在心，并且经常给当时还在上学的外孙杨晓路、孙女路晓娜念叨当年开店的事情。直到杨晓路初中毕业后考入济南第三职业高中学习烹饪技艺，奠定了未来"黄焖鸡"发扬光大的基础。

3．第三阶段：对济南"黄焖鸡"传统制作技艺的进一步改进

杨铭宇黄焖鸡米饭品牌创始人杨晓路从小在姥姥家长大，深受家庭的影响，特别是姥姥经常讲姥姥父亲创办和经营"路氏福泉居"餐馆与黄焖鸡的故事。也许是后来冥冥之中在济南第三职业高中与烹饪专业结缘，不自觉中对烹饪、餐饮产生了兴趣。这是杨晓路职业学校毕业后不久就开始通过恢复祖辈老字号"路氏福泉居"自己创业的原因之一。因为有家里人特别是姥姥的大力支持，2003年，经过一段时间的筹备，"路氏福泉居"餐馆在济南经三路老商埠街的一个拐角处开张营业，所经营的菜品除当时一些流行菜品外，还恢复了包括从老"路氏福泉居"到"泰丰园"饭店经营的一些传统菜品，"黄焖鸡"就是其中最为重要的菜品之一。因为店里经营的"黄焖鸡"是从杨晓路姥姥那里传承下来的，为了体现独特的风味特点，杨晓路就把它命名为"孟氏黄焖鸡"，从此打出来"孟氏黄焖鸡"的招牌。

意想不到的是，在众多流行菜品风靡各餐馆酒楼的当时，"路氏福泉居"的"孟氏黄焖鸡"却得到许多客人的青睐，点食"黄焖鸡"的人数之多出乎意料，因此出现了供不应求的情况。供不应求的原因不在于原料供应问题，而在于厨师制作跟不

上。由于传统的"黄焖鸡"技术要求较高，"沸酱""炒糖色"的技艺一般年轻厨师掌握不好，加之黄焖鸡焖煨的时间较长，自然影响到了客人对黄焖鸡的需求。当时杨晓路发现这一情况后，就回家和姥姥商量，是否可以通过对传统"黄焖鸡"加工工艺的改进，在不影响"黄焖鸡"品质的前提下提升其加工时效。孟昭兰当时已经七十多岁了，但思想上却是相当的开明，她不仅鼓励外孙大胆尝试，而且还经常贡献自己的想法。就是在这一情况下，杨晓路对传统"孟氏黄焖鸡"的加工工艺进行了改进。改进方向主要在以下几个方面：

一是选料。规定"路氏福泉居"统一使用鸡腿肉，以提高菜品的质量。

二是加工时间。为了缩短加热焖炖的时间，采用高压锅预热处理工艺。

三是统一调制汤汁。为了解决"炒糖色""沸酱"技艺难掌握的问题，预先通过大批量糖色的炒制，一次性大量"沸酱"制作，实现了黄焖鸡汤汁的统一调制，并预先确定使用比例。

这样一来，把高压锅预热处理的鸡块运用调制好的焖汁，再加上各种辅料，几分钟就可以制作好一道黄焖鸡菜肴。在缩短了加工时间的同时，又很好地保持住了传统黄焖鸡的风味和品质，甚至较之以前的黄焖鸡无论在色泽还是质感上都有了明显的提升，为此赢得了广大食客的喜爱。

在这样的思路指引下，"路氏福泉居"还对当时所营业的其他一些火候时间长的菜肴进行了适当的改进，开创了杨晓路勇于创新改革的餐饮业发展之路。

4．第四阶段：传承传统技艺成功创新的"杨铭宇黄焖鸡"快餐品牌

然而，初次开始创业之路，"路氏福泉居"的重新开张本来顺风顺水，生意也逐渐得到了发展。意想不到的是2009年，济南经三路的老商埠街要进行拆迁改造，"路氏福泉居"所处的位置恰好在拆迁之列，"路氏福泉居"不得不再次关张歇业。

当时，摆在杨晓路面前的路有两条：一条是寻找新的临街门头房，继续恢复"路氏福泉居"酒店经营；另一条是运用已有的经验另辟蹊径，创造新的餐饮品牌。幸运的是，杨晓路选择了后者。他在经营"路氏福泉居"的时候发现，在不以饮酒为主的餐饮客人中，人们最喜欢的是用黄焖鸡搭配米饭的吃法。于是，杨晓路和几个有共同创业志向的年轻人，把这一经验放大，经过反复研究和市场调研，最终研究出来用"黄焖鸡"搭配"米饭"的形式，并确定了以快餐店铺连锁发展的方式推向市场。

2011年，杨晓路在济南正式注册成立"济南杨铭宇餐饮管理有限公司"，第一个"杨铭宇黄焖鸡米饭"的门面店铺也在同年开张营业。令人意外的是，店铺一开

张，就赢得了广大食客的喜欢。因为黄焖鸡搭配米饭的快捷方式，迎合了上班族就餐省时、简便的潮流，加之黄焖鸡米饭在口味搭配上的美味实惠与物美价廉的定位，"杨铭宇黄焖鸡"的品牌在短时间内得到了广大济南食客的青睐。为了满足广大客人的需求，济南杨铭宇餐饮管理有限公司首先在济南市范围内，迅速开展了"杨铭宇黄焖鸡"餐饮品牌的连锁加盟的发展模式。图2-5为杨铭宇黄焖鸡店内图。

图2-5　杨铭宇黄焖鸡店内

在技艺传承上，"杨铭宇黄焖鸡"中的"黄焖鸡"，延续了济南传统"黄焖鸡"的风味特征，只是在工艺处理上进行了适合现代消费者的改进，不仅确保了传统风味的传承，而且全面提升了黄焖鸡的品质，成为鲁菜创新发展的典范。

"杨铭宇黄焖鸡"技艺传承解析

现在作为济南地区非物质文化遗产代表性项目的"济南黄焖鸡"，其技艺传承包括了三个循序渐进的发展过程。

1. 原始"黄焖鸡"技艺

所谓原始"黄焖鸡"是指传统民间制作的方法，没有多少技艺要求，没有"炒糖色""沸酱"之类的技术应用，菜肴保持原汁原味的特点。下面是原始"黄焖鸡"的加工技艺介绍。

第一，精选当地农家放养的小鸡1只，如图2-6所示。

图2-6　带骨小鸡1只

第二，将鸡宰杀、煺毛、去内脏后洗涤干净。把鸡剁成约一寸的长方块，如图2-7所示。

图2-7　切好的鸡块

第三，使用的辅助性原料和调味品有葱、姜、蒜、酱油、甜面酱、汁汤、南酒、味精、生粉、植物油等。将葱切成段，姜切成块，如图2-8所示。

图2-8　葱、姜配料

第四，烹饪时在炒勺内加入适量植物油，烧热后加入葱段、姜块、蒜片爆香，加入鸡块略煸炒，再放入甜面酱炒透，如图2-9所示。

图2-9　煸炒鸡块

第五，加入酱油、南酒、汁汤，改用微火焖炖至鸡块软烂，再加入味精翻拌均匀，用湿生粉勾芡，盛出即成，如图2-10所示。

图2-10　黄焖鸡成品

这是传统民间农家制作"黄焖鸡"的方法，也就是原始的"黄焖鸡"，没有多少技术性可言，却是原汁原味的本色风格。

2."孟氏黄焖鸡"技艺

所谓"孟氏黄焖鸡"是在传统农家制作方法的基础上，融合了"炒糖色""沸酱"等济南风味烹调技艺，使菜肴较之以前色泽更加红亮光鲜，酱汁更加细腻滑润，把传统的"黄焖鸡"提升到了更加完美的境地。"孟氏黄焖鸡"的加工技艺介绍如下。

第一，在原料的选用上，与传统标准一致，精选当地农家放养的小鸡1只，以及大葱、生姜等，如图2-11所示。

图2-11　黄焖鸡主要用料

第二，将处理干净的白条鸡剁去嘴、爪，从鸡小腿里顺着拉一刀，由鸡脊部劈为两块，切成约3厘米×4厘米的长方块，大葱切成段，生姜切成片，如图2-12、图2-13所示。

图2-12　净鸡切块

图2-13　切好的鸡块、葱段

第三，在炒勺内放入适量植物油，小火烧至六成热时，加入白糖继续微火搅炒，炒至白糖呈鸡血色红汁时即称为糖色，如图2-14、图2-15所示。

图2-14　勺内加入白糖

图2-15　炒成糖色

第四，糖色炒成后，随即加入甜面酱，炒沸熟后（这个过程称为"沸酱"或"飞酱"），然后将葱段、姜片、花椒、鸡块一并倒入炒勺内，煸炒至透，接着放入青酱、老酱油，然后加入高汤，用旺火烧开锅后，加盖密封，转用小火焖㸆，如图2-16～图2-18所示。

图2-16　加入鸡块

图2-17　加入汤汁

图2-18　加盖焖㸆

第五，焖㸆至鸡块成熟软烂、汤汁将尽时，再烹上南酒，撒入味精，淋上葱油，随即收汁拌匀即成，如图2-19～图2-22所示。

图2-19　加入葱油

图2-20　略微收汁

图2-21　翻拌均匀

图2-22　菜肴装盘

"孟氏黄焖鸡"的制作技艺传承了济南大饭庄的风格，但在一些技术细节上进行了改良，成为具有"路氏福泉居"特色的"黄焖鸡"，为后来的"杨铭宇黄焖鸡"奠定了基础。

3. "杨铭宇黄焖鸡" 技艺

"杨铭宇黄焖鸡"是在传承"孟氏黄焖鸡"传统工艺和味型的基础上，对加工工艺和调味品的使用方法进行了大胆的改革。使改革后的黄焖鸡具有如下的特点。

一是在品质和风味上较之传统的"孟氏黄焖鸡"更胜一筹。

二是采用先把鸡块进行高温高压处理，再分装在土制陶锅内加热烧制收汁的方法。

三是把众多调味品经过研制成为秘制酱料，按比例添加，确保菜肴味道的始终如一，并在酱料中适当添加了具有中医养生功能的香料。

四是统一炒制"糖色"，经过试制后按比例加入，便于控制菜肴的色泽。

五是进行工艺技术改革的"黄焖鸡"便于批量集中加工，解决了加工单个菜肴费工费时的不足。

六是在此基础上开发出了系列新口味的黄焖鸡产品。

七是在鸡肉的选料上统一使用鸡腿肉，明显提高了菜肴的品质，如图2-23~图2-25所示。

图2-23 精选鸡腿肉

图2-24　用高压锅将统一料汁压熟

图2-25　用煲仔炉加热收汁

　　"杨铭宇黄焖鸡"由于对传统黄焖鸡的工艺进行了改良和提升，既不失传统技艺特色，又有效提升了菜肴的品质，成为大众欢迎的优质产品便是情理之中的事情。试想，精选鲜嫩美味的鸡腿肉，采集十几种香料及调味品严格按比例调配制作的秘制调味料，为了提升黄焖鸡的口感和香气及其保健功能，又在调味中加入了多种名贵香料。把预制加工的鸡块分装在土质陶锅中，按比例加入秘制的专用调味汁进行烧制，鸡块在砂锅内的汤汁中沸腾，汁味和香味浸入鸡肉的内部。当一小砂锅热气腾腾、浓香馥郁地摆在客人的面前的时候，怎能不令人食欲大增而大快朵颐一番（图2-26）。

　　"济南黄焖鸡"作为非物质文化遗产代表性名录项目，为后来"杨铭宇黄焖鸡"餐饮品牌的创新发展奠定了坚实的基础。其主要贡献如下。

　　第一，菜肴口味的改进并能够无限拓展。"杨铭宇黄焖鸡"采用统一研发的秘制酱料工艺技术烹饪而成。秘制酱料在传统的基础上又适当增加了十种香料及调味品，严格按比例调配，加入多种调香的名贵药材烹制而成。经过焖炖后，汁味和香味浸入鸡肉内，使成品的黄焖鸡嫩滑多汁，色泽均匀不黏腻。事实证明，经过改良后的烹饪工艺制作出来的黄焖鸡，在品质上更胜一筹，在风味上别具一格，且可以无限扩展，深受广大食客的喜爱。

　　第二，由于"杨铭宇黄焖鸡"是经过改良后的传统技艺，便于批量加工或集中

图2-26　黄焖鸡成品

生产，以此为基础发展起来的"杨铭宇黄焖鸡"快餐餐饮品牌，就充分展示出了这一优势。连锁门店的发展模式，使新技艺得到了广泛的应用与共享。正是这一传统技艺的改进与提升，成就了"济南杨铭宇餐饮管理有限公司"的创业之路。连锁加盟商开店前，进行统一的培训，规范烹饪流程及技术要领，关键食材与秘制酱料统一配送，以保证"杨铭宇黄焖鸡"的口味统一。

第三，从产品到工艺以及管理体系，建立标准化流程。"杨铭宇黄焖鸡"在技艺改良的同时，为了大力推广连锁加盟经营模式，公司多年来致力于标准化的实施与推广。通过对菜品的研发与生产，实施产品标准化，创新工艺标准化，建立运行管理标准化等。目前，公司制定的"黄焖鸡标准"已经成为被山东省饭店协会认定的团体标准，在全省推广实施。通过标准化的实施，确保了"杨铭宇黄焖鸡"菜品口味的统一和菜肴品质的稳定。

 ## 第三节 "济南黄焖鸡"非遗品牌传播

杨晓路是"济南黄焖鸡"非遗项目的传承人，他在融合合理开发利用非物质文化遗产的过程中，不遗余力，坚持走非遗项目"创新发展就是最好的保护与传承"的理念。所以，从他与他的团队创业开始，就以传承传统技艺为基础，不断进行技艺与产品的改良与创新，并且最终以传统鲁菜名馔经过不断的创新，把"济南黄焖鸡"的非遗美食推向了国内外餐饮市场。这不仅成为鲁菜发展的骄傲，也为山东饮食非物质文化遗产品牌的传播做出了巨大的贡献。

（一）从泉城走出来的"黄焖鸡米饭"餐饮品牌

2021年3月，习近平主席在福建三明市视察"沙县小吃"产业发展的现场时，在谈到小吃产业时，跟随习近平总书记的工作人员同时还提到了"兰州拉面"和山东的"黄焖鸡米饭"。而被称为山东的黄焖鸡米饭，就是诞生于济南市的"杨铭宇黄焖鸡"餐饮品牌。"杨铭宇黄焖鸡"餐饮品牌诞生于2011年，品牌创始人是"济南杨铭宇餐饮管理有限公司"的杨晓路及其团队。之前杨晓路在姥姥孟昭兰及家人的支持下，恢复了祖传的"路氏福泉居"老字号餐馆的经营业务。期间杨晓路出于对"黄焖鸡"菜肴制作出菜时间较慢的问题，通过工艺改进与调料汁的改革，确定了"杨铭宇黄焖鸡"的技艺基础。后来，因为"路氏福泉居"所在的济南老商埠街区改造，而不得不停止了"路氏福泉居"的经营。

正是因为"路氏福泉居"的被迫停业，激励了杨晓路全新的创业思路。终于，经过一段时间的研发与努力，一个以单品种菜肴"黄焖鸡"搭配米饭的快餐连锁店铺模式应运而生。这就是当前在全国小吃快餐市场风靡的"杨铭宇黄焖鸡"品牌，并且以连锁加盟的方式在全国推广。截至2022年年底，"杨铭宇黄焖鸡"餐饮品牌经过十多年的努力发展，在全国加盟城市超过200个，加盟店面数量突破6000家。加盟商遍布全国23个省、5个自治区、4个直辖市。得到广大食客和加盟商越来越多的关注和青睐。近年来，随着企业的发展，"杨铭宇黄焖鸡"餐饮品牌已经在更广阔的国际餐饮市场一展拳脚，目前在加拿大、日本、缅甸、韩国、美国、澳大利亚、新加坡、泰国等地已有近百家加盟店，并受到了广大外国食客的广泛赞誉。

就是这家从"泉城"济南走出来的"杨铭宇黄焖鸡"餐饮品牌，承载着弘扬鲁菜文化的社会使命，让"杨铭宇黄焖鸡"餐饮品牌流行全国各地，甚至名扬海外与国外市场，让鲁菜以一种新的形式得到了传承和发扬光大，让全国乃至全世界的朋友品尝并体验到了"杨铭宇黄焖鸡"的魅力所在。

目前，国内已有数百家"黄焖鸡米饭"的餐饮品牌，经营门店达到了6万多家，但它的创始者是济南的"杨铭宇黄焖鸡"。

在激烈的国内餐饮市场竞争中，"济南杨铭宇餐饮管理有限公司"团队始终保持清醒的头脑。他们深深明白，要想保持自己的餐饮品牌立于不败之地，唯一的出路就是进行不断的品牌创新、产品创新及其经营创新，而产品创新又是餐饮品牌保持长盛不衰的发展基础。

除了把传统的"黄焖鸡"产品保持稳定的品质，公司近年来投入了大量的人力与物力进行新品的研发，包括料理包、料理酱料的研发，并向市场推出了系列"黄焖鸡"新品，如图2-27～图2-34所示。新研发的品种包括鸡系列、肉系列、鱼系列等，赢得了广大食客的青睐，增加了"杨铭宇黄焖鸡"餐饮品牌的竞争力。

随着供应链与网络平台销售模式的建立与日益发展，公司还在预制食品方面展开了新的研究方向，目前仅推出的酱料、料理包就多达十几种，如图2-35～图2-41所示。

图2-27 辣香黄焖鸡

图2-28 下饭虎头鸡

图2-29 酸甜味虎头鸡

图2-30 黄焖辣子肉

图2-31 黄焖土豆排骨

滋啦冒油 下饭真行

肉末茄子

图2-32 黄焖肉末茄子

图2-33 黄焖番茄鱼

金汤拌饭香
酸辣开胃

酸辣味
金汤鱼

图2-34 酸辣金汤鱼

图2-35 黄焖酱汁

图2-36 红烧酱汁

图2-37 糖醋酱汁

图2-38 拌饭酱

图2-39 拌饭鲜辣酱

图2-40 拌饭烧椒酱

图2-41 东北大米

随着产业链与供应链的发展，济南杨铭宇餐饮管理有限公司也走在了预制加工、物料配送的快速发展的道路上。目前，公司建有大型无尘化中央食品工厂的产业园区，实现了全自动化生产流水线连续作业的运行，如图2-42和图2-43所示。公司还为此配备了大型仓库、专业物流，实现了开店铺、配送货一条龙服务。为了加强食品安全管理，公司建有独立自主的食品安全化实验室，具有国家化验员资质的员工10名，具备了自产、自检、自查的国家标准程序。食品、物料生产线已获得HACCP和ISO 9000质量管理体系认证，成为全国具有黄焖鸡酱料合法生产资质的大型调味料基地。2017年申请并成功通过了美国FDA的出口认证，成为第一个拥有FDA认证资质的中国快餐品牌。

图2-42　杨铭宇黄焖鸡产业园区外景图

图2-43　杨铭宇黄焖鸡产业园区模拟图

进入2022年，济南杨铭宇餐饮管理有限公司迁址新的办公大楼。除启动新的办公场所外，同时建设了总面积达1800余平方米的"杨铭宇黄焖鸡"文化展示体验馆，融合展示"杨铭宇黄焖鸡"餐饮品牌历史发展历程、党建宣传教育、新品展示、新店铺体验、客户互动交流、加盟商培训、多功能会议厅等于一体的综合体验馆，如图2-44～图2-48所示。为了全面提升"杨铭宇黄焖鸡"非物质文化遗产的保护发展与餐饮品牌的文化内涵，公司同时建设了"李培雨大师工作室"，配有专用办公室与产品研发专用厨房。公司与山东鲁菜文化博物馆合作，成为"山东省非物质文化遗产研究基地"合作单位。正在筹备的"杨铭宇黄焖鸡鲁菜文化研究院"已经进入实际运行阶段，研究院的成立将为"杨铭宇黄焖鸡"产业的发展注入新的动力，也为"杨铭宇黄焖鸡"餐饮品牌的推广和传承打下坚实的基础。

图2-44 体验馆入口

图2-45 体验馆交流大厅

图2-46　体验馆党建大厅

图2-47　体验馆会议室

图2-48　体验馆产品展示厅

(二)"杨铭宇黄焖鸡"餐饮品牌的传播

"杨铭宇黄焖鸡"在非遗文化传承与餐饮品牌创新发展过程中,坚持以"不忘初心、牢记使命"的信心,做出富有中华民族特色的"良心"产品,打造大众喜欢和信得过的"国民品牌"。因此,在济南杨铭宇餐饮管理有限公司全体员工的努力下,使"杨铭宇黄焖鸡"品牌赢得了良好的社会信誉,为非遗项目的传承、为餐饮品牌的传播做出了巨大的贡献。

1. 用诚信奠定品牌发展的基础

用自己的"良心"制作产品,以企业的诚信提供服务,使"杨铭宇黄焖鸡"品牌走向了全国,乃至世界各地,赢得了广大食客的赞誉,同时也得到了国家相关部门与专业机构的认可,如图2-49~图2-53所示。

2. 以发展强化品牌的影响力

对于包括餐饮行业在内的企业来说,"发展是硬道理"的论断是企业走向成功的真理。推动企业发展,坚持创新之路,是"杨铭宇黄焖鸡"餐饮品牌坚定不移的信念。公司经过十多年的努力,在笃定创新发展的道路上闯出了自己的一片天地,

图2-49 诚信经营示范单位证书

企业信用等级证书
CERTIFICATE OF ENTERPRISE CREDIT GRADE

济南杨铭宇餐饮管理有限公司

济南市天桥区洛安路18号

针对该企业的信用记录、经营状况、债务风险、发展前景、结合社会口碑、公众认可度，经审核评估，认定该企业信用等级为：

AAA

证书编号：HXZC201938765
Certificate number

颁发日期：2019年08月12日
Date of issue

有效期至：2022年08月11日
Date of expiry

公示查询：www.cecbid.org.cn
www.315gov.cn

电子证书　可信追溯

证书说明：
Notes

1. 企业信用等级自评定之日起有效期为三年。
The enterprise credit rating shall be valid for three years from the date of evaluation.

2. 企业信用等级自实行复审制度，有效期内，每年复审一次，经复审合格的，加盖复审后可继续使用；信用状况发生变化的，需要重新评定信用等级并更换证书。
The enterprise credit grade shall be subject to review once a year within the validity period. If the applicant is qualified through the re-examination, the re-examination seal shall be affixed. May continue to use; If the credit status changes, the credit rating shall be re-evaluated and the certificate shall be replaced.

3. 有效期内企业改变名称的，必须持证到发证单位办理变更手续。
If an enterprise changes its name in effect, it must obtain a certificate and go through the formalities of change at the issuing unit.

4. 本证书只证明企业有效期内的信用状况，不作他用。
This certificate only proves the credit status within the valid period of the enterprise, and will not be used for other purposes.

5. 本证书不得涂改，转借。
This certificate shall not be altered or lent.

复审记录：
Re-examination records: _____

图2-50　企业信用等级证书

企业资信等级证书
ENTERPRISE CREDIT RATING CERTIFICATE

济南杨铭宇餐饮管理有限公司

济南市天桥区洛安路18号

针对该企业的信用记录、经营状况、债务风险、发展前景、结合社会口碑、公众认可度，经审核评估，认定该企业资信等级为：

AAA

证书编号：HXZC201938766
Certificate number

颁发日期：2019年08月12日
Date of issue

有效期至：2022年08月11日
Date of expiry

公示查询：www.315gov.cn
Public inquiry

电子证书　可信追溯

证书说明：
Notes

1. 企业信用等级自评定之日起有效期为三年。
The enterprise credit rating shall be valid for three years from the date of evaluation.

2. 企业信用等级自实行复审制度，有效期内，每年复审一次，经复审合格的，加盖复审后可继续使用；信用状况发生变化的，需要重新评定信用等级并更换证书。
The enterprise credit grade shall be subject to review once a year within the validity period. If the applicant is qualified through the re-examination, the re-examination seal shall be affixed. May continue to use; If the credit status changes, the credit rating shall be re-evaluated and the certificate shall be replaced.

3. 有效期内企业改变名称的，必须持证到发证单位办理变更手续。
If an enterprise changes its name in effect, it must obtain a certificate and go through the formalities of change at the issuing unit.

4. 本证书只证明企业有效期内的信用状况，不作他用。
This certificate only proves the credit status within the valid period of the enterprise, and will not be used for other purposes.

5. 本证书不得涂改，转借。
This certificate shall not be altered or lent.

复审记录：
Re-examination records: _____

图2-51　企业资信等级证书

重服务守信用单位

HEAVY SERVICE QUNCTUALITY ENTERPRISE

济南杨铭宇餐饮管理有限公司

济南市天桥区洛安路18号

针对该企业的信用记录、经营状况、债务风险、发展前景、结合社会口碑、公众认可度，经审核评估，认定该企业重服务守信用单位等级为：

AAA

证书编号：HXZC201938771
Certificate number

颁发日期：2019年08月12日
Date of issue

有效期至：2022年08月11日
Date of expiry

公示查询：www.315gov.cn
Public inquiry

电子证书　可信追溯

证书说明：
Notes

1. 企业信用等级自评定之日起有效期为三年。
The enterprise credit rating shall be valid for three years from the date of evaluation.

2. 企业信用等级自实行复审制度，有效期内，每年复审一次。经复审合格的，加盖复审印后可继续使用，信用状况发生变化的，需要重新评定信用等级并更换证书。
The enterprise credit grade shall be subject to review once a year within the validity period. If the applicant is qualified through the re-examination, the re-examination seal shall be affixed. May continue to use; If the credit status changes, the credit rating shall be re-evaluated and the certificate shall be replaced.

3. 有效期内企业改变名称的，必须持证到发证单位办理变更手续。
If an enterprise changes its name in effect, it must obtain a certificate and go through the formalities of change at the issuing unit.

4. 本证书只证明企业有效期内的信用状况，不作他用。
This certificate only proves the credit status within the valid period of the enterprise, and will not be used for other purposes.

5. 本证书不得涂改、转借。
This certificate shall not be altered or lent.

复审记录：
Re-examination records: _____

图2-52　重服务守信用单位证书

重质量守信用单位

HEAVY QUALITY QUNCTUALITY ENTERPRISE

济南杨铭宇餐饮管理有限公司

济南市天桥区洛安路18号

针对该企业的信用记录、经营状况、债务风险、发展前景、结合社会口碑、公众认可度，经审核评估，认定该企业重质量守信用单位等级为：

AAA

证书编号：HXZC201938770
Certificate number

颁发日期：2019年08月12日
Date of issue

有效期至：2022年08月11日
Date of expiry

公示查询：www.315gov.cn
Public inquiry

电子证书　可信追溯

证书说明：
Notes

1. 企业信用等级自评定之日起有效期为三年。
The enterprise credit rating shall be valid for three years from the date of evaluation.

2. 企业信用等级自实行复审制度，有效期内，每年复审一次。经复审合格的，加盖复审印后可继续使用，信用状况发生变化的，需要重新评定信用等级并更换证书。
The enterprise credit grade shall be subject to review once a year within the validity period. If the applicant is qualified through the re-examination, the re-examination seal shall be affixed. May continue to use; If the credit status changes, the credit rating shall be re-evaluated and the certificate shall be replaced.

3. 有效期内企业改变名称的，必须持证到发证单位办理变更手续。
If an enterprise changes its name in effect, it must obtain a certificate and go through the formalities of change at the issuing unit.

4. 本证书只证明企业有效期内的信用状况，不作他用。
This certificate only proves the credit status within the valid period of the enterprise, and will not be used for other purposes.

5. 本证书不得涂改、转借。
This certificate shall not be altered or lent.

复审记录：
Re-examination records: _____

图2-53　重质量守信用单位证书

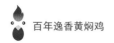
成为引领中国小吃产业发展的排头兵和鲁菜产业品牌发展的引领者。为此，得到了社会各界的肯定，并赋予许多荣誉，如图2-54～图2-63所示。

图2-54　2019年荣获"建国70周年·推动中国经济发展百强企业"称号证书

图2-55　2020年度中国小吃企业50强证书

图2-56　中国烹饪协会会员单位会员证书

图2-57　2021年度中华美食地标产品餐饮类典型案例证书

图2-58　第17届中国餐饮·食品博览会快餐企业先锋奖证书

图2-59　"中国餐饮门店规模第一品牌"称号证书

图2-60 中国（济南）电子商务产业博览会数字化转型创新奖证书

图2-61 荣获"2019中国质量守信示范企业"称号证书

图2-62 山东省精品旅游促进会常务理事单位证书

图2-63 "齐鲁名吃"称号荣誉证书

3．用爱心传播品牌的形象

企业得到了发展，用爱心回馈社会，是"杨铭宇黄焖鸡"餐饮品牌和全体员工矢志不渝的理念。近年来，济南杨铭宇餐饮管理有限公司在社会公共服务、社会捐赠方面积极参与。特别是在爆发"新冠肺炎"疫情以来，公司向地方组织多方捐助企业的一片爱心，如图2-64～图2-68所示。

 （三）"杨铭宇黄焖鸡"引领鲁菜走向未来

随着济南杨铭宇餐饮管理有限公司业务的蓬勃发展，"杨铭宇黄焖鸡"品牌的影响力也得到了日益扩大，不仅成为中国小吃产业发展的领军企业与品牌，而且还

图2-64 2021年济南慈善总会颁发捐赠证书　　图2-65 2020年济南慈善总会颁发捐赠证书

图2-66 2020年抗击新冠肺炎疫情义举荣誉证书　　图2-67 2022年抗击新冠肺炎疫情捐赠证书

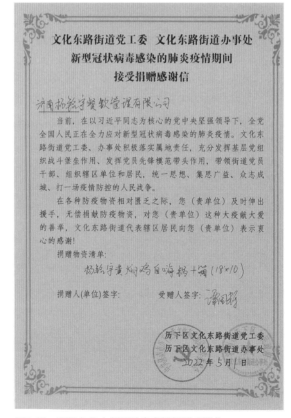

图2-68 2022年抗击新冠肺炎疫情捐赠感谢信

成为引领鲁菜产业发展的龙头企业之一。"济南黄焖鸡"作为非物质文化遗产的代表项目，更因为其深厚的鲁菜文化底蕴和保护人与保护单位的创新发展，充分显示出了非遗文化项目的优势所在。在济南杨铭宇餐饮管理有限公司领头人与非遗项目传承人杨晓路的带领下，未来的"杨铭宇黄焖鸡"会在新时代得到更加强势的发展。为此，2021年以来，公司对"杨铭宇黄焖鸡"餐饮品牌的发展也做出了新的规划，为今后企业的前进方向绘就了令人鼓舞的蓝图。

1. 深耕国内市场

截至2022年，"杨铭宇黄焖鸡"经历十多年的稳步发展，全国加盟店铺已发展到6000余家。由于业务量的扩大与强大的市场需求，以公司现有的布局与规模，对于加盟商的管理及服务逐渐显示出了疲惫之态，管理人员捉襟见肘。为此，公司在以"保牌、提质、创新"理念为主线的前提下，着力在加快加盟发展、完善加盟体系的管理，并在建设和强化服务意识上下大功夫。公司计划于2022—2023年度，分别在全国30个省、自治区、直辖市以及4个重点城市（济南、北京、上海、天津）设立"杨铭宇黄焖鸡"办事处，借助大区的管理模式，把加盟管理与企业服务下沉到省、市一级，更好地为加盟商服务，同时开拓更广泛的加盟市场。

基于此，济南杨铭宇餐饮管理有限公司为了全面提升企业形象，公司总部已于2022年迁移到了新址。公司新址位于济南东部CBD中央商务区的一座高层大楼内，2000余平方米的写字间经过设计、装修，已经正式启用。新办公场所不仅仅用于办公，是集公司办公、党建宣传活动、加盟培训、商务接待、产品宣传、文化展览、店铺体验、产品研发为一体的综合性场馆。其中开辟有1000余平方米的空间，建立了"杨铭宇黄焖鸡"展览厅，将鲁菜历史、杨铭宇黄焖鸡起源与发展历史、杨铭宇黄焖鸡发展后期规划等以图片及多媒体的形式展现给大家。接待参观人群不单是前来加盟的加盟商，后期计划以公益的形式对外开放，可以让广大老百姓免费参观，也是中小学研学教育基地。通过这种形式让大家了解传统鲁菜，了解杨铭宇黄焖鸡，弘扬传统美食文化，让大家体验我国餐饮文化的博大精深。

为了夯实企业发展的基础，公司计划在现有以加盟为主经营模式的基础上，规划进一步发展直营店铺，采取"加盟为主、直营为辅"的企业发展思路。新的企业规划为全面调整经营模式，优化经营理念，加大经营投入力度奠定了基础。公司规划在2023年内，力争实现连锁加盟增加1000家左右，在全国范围内开设直营店200家左右。

公司在规划硬件发展的同时，还计划进一步加强科技投入与文化内涵的提升。在现有"李培雨大师工作室"与公司产品研发小组的基础上，于2023年正式成立"杨铭宇黄焖鸡鲁菜文化研究院"。研究院将以产品研发、鲁菜技艺研究、鲁菜文化研究、非遗项目研究等为主要方向，并侧重于对"济南黄焖鸡"非遗项目、济南洛口码头菜、济南商埠菜、黄焖鸡主题文化宴席等进行研究，包括配合标准化体系的研究与制定。目前，公司已与山东鲁菜文化博物馆、山东旅游职业学院山东省非物质文化研究基地等单位签订了合作协议，以确保"杨铭宇黄焖鸡鲁菜文化研究院"能够得到良好的运营，并获取预期的研究成果。山东省非物质文化研究基地与李培雨大师工作室牌匾如图2-69所示。

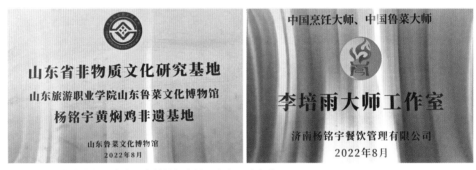

图2-69　山东省非物质文化研究基地与李培雨大师工作室牌匾

2．完善供应链体系

由于"杨铭宇黄焖鸡"连锁加盟数量的日益增加，以及直营店铺的发展，建立稳定有效的供应链就成为济南杨铭宇餐饮管理有限公司当前及未来发展的重要战略布局。公司目前已经与东北优质大米产区的企业、东南亚著名的正大集团等建立了合作伙伴关系。同时，公司计划在济南东部筹建济南杨铭宇产业园区。产业园区包括中央厨房产业区、酱料产业区、食材配套产业区、鲁菜研发中心、食品检测中心、净菜加工中心、物料储藏库房及冷库、物流配送中心等。建成后的园区将是一个横跨食品加工、商贸服务等多种功能于一体的完整产业链，是国内主题最鲜明、规模最庞大的中央厨房产业园，将帮助省内餐饮行业真正实现规模化和集约化经营。

3．积极开拓国外市场

目前，"杨铭宇黄焖鸡"在国际市场方面的发展也卓有成效，已经在加拿大、日本、缅甸、韩国、美国、澳大利亚、新加坡、泰国等国家有近百家加盟店（图2-70）。

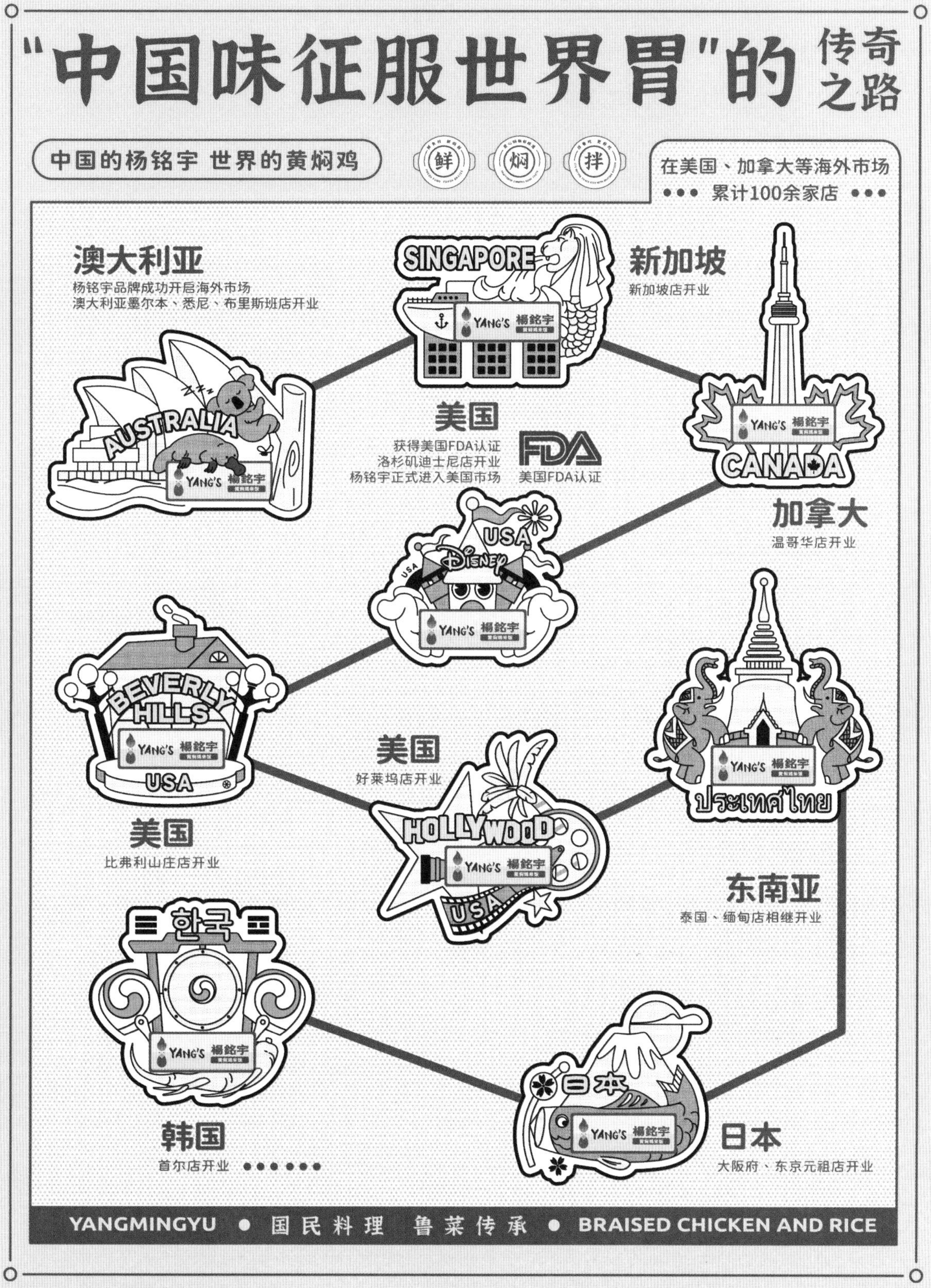
"中国味征服世界胃"的传奇之路
中国的杨铭宇 世界的黄焖鸡
鲜
焖
拌
在美国、加拿大等海外市场
●●● 累计100余家店 ●●●
澳大利亚
杨铭宇品牌成功开启海外市场
澳大利亚墨尔本、悉尼、布里斯班店开业
AUSTRALIA
YANG'S 楊銘宇
SINGAPORE
新加坡
新加坡店开业
美国
获得美国FDA认证
洛杉矶迪士尼店开业
杨铭宇正式进入美国市场
FDA
美国FDA认证
CANADA
加拿大
温哥华店开业
USA
DISNEY
BEVERLY HILLS
USA
美国
比弗利山庄店开业
美国
好莱坞店开业
HOLLYWOOD
USA
ประเทศไทย
东南亚
泰国、缅甸店相继开业
한국
韩国
首尔店开业 ●●●●●●
日本
日本
大阪府、东京元祖店开业
YANGMINGYU ● 国民料理 鲁菜传承 ● BRAISED CHICKEN AND RICE

图2-70 国外店铺分布图

在"杨铭宇黄焖鸡"走向国外的同时，企业也有了新的更广阔的市场机会与非遗美食传承发展的新天地。推进"杨铭宇黄焖鸡"餐饮品牌在国外、海外的发展，能够让全世界的朋友体验和分享"杨铭宇黄焖鸡"的美食魅力，进一步了解中国鲁菜的魅力。

为此，前期公司已经做了大量的准备工作，包括获得各种国际机构的质量认证，特别是获得美国FDA的认证等，如图2-71～图2-83所示。

公司计划，在稳定发展国内餐饮市场的同时，未来几年内将着重开拓加拿大、日本、缅甸、韩国、美国、泰国、澳大利亚、新加坡等地已有加盟商的国家市场，逐步扩大其加盟数量。并在此基础之上，下一步将重点放到开拓欧盟国家及美洲国家，争取5年内在海外、国外的加盟店铺数量破千家。

图2-71 中文版质量管理体系认证证书（一）

图2-72 中文版质量管理体系认证证书（二）

图2-73 英文版质量管理体系认证证书（一）

图2-74 英文版质量管理体系认证证书（二）

图2-75 中文版HACCP体系认证证书（一）

图2-76 中文版HACCP体系认证证书（二）

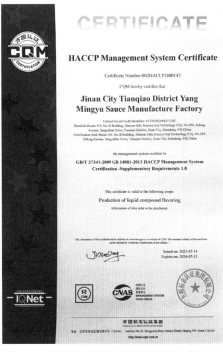

图2-77 英文版HACCP体系认证证书（一）

图2-78 英文版HACCP体系认证证书（二）

图2-79 美国FDA注册证书

图2-80 英文版美国FDA注册证书

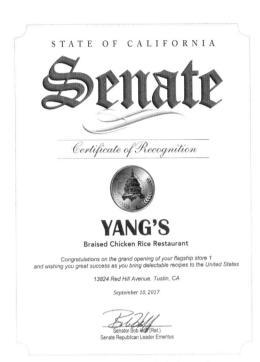

图2-81 美国加利福尼亚州参议院认可证书

图2-82 加州塔斯汀店开业认证书

图2-83 全球首批无现金联盟商户

非遗文化
传承
与家族品牌发展

　　"杨铭宇黄焖鸡"餐饮品牌的成功运营，除创业团队集体的努力之外，还有其深远的历史渊源与文化根基。正因为如此，"杨铭宇黄焖鸡"餐饮品牌所经营的"济南黄焖鸡传统技艺"现在已经被济南市文化和旅游局评定为济南地区"非物质文化遗产代表性名录"项目。现在就让我们走近"济南黄焖鸡"非遗项目，去了解该非遗项目的传承情况及其代表性传承人杨晓路的创新发展之路，包括对家族餐饮老字号"路氏福泉居"的品牌创新历程，也借此让我们一览"济南黄焖鸡"非遗项目的美食风采。

第一节 "济南黄焖鸡"非遗项目传承人

　　"杨铭宇黄焖鸡"餐饮品牌创新与发展的基础，是基于有着久远发展历史和特色烹饪技艺的鲁菜经典菜肴——"黄焖鸡"。长期以来，由于时代的变迁，"黄焖鸡"作为众多鲁菜代表性菜肴中的一员，没有得到足够的重视和突出地位的技艺传承。因而，也少有人对此引起重视。然而，在现在餐饮市场激烈竞争与发展中，济南杨铭宇餐饮管理有限公司的品牌创始人杨晓路先生，从自己的社会实践和长远的发展眼光出发，以具有社会责任担当的视角，勇于承担使命，将传统的鲁菜"黄焖鸡"发展为具有个性特色的"济南黄焖鸡"，先后申报了济南市天桥区、济南市非物质文化遗产代表性名录项目，目前正在积极申报山东省非物质文化遗产代表性名录项目。如今，杨晓路作为该非遗项目的传承人，不仅在传承优秀传统技艺方面做出了贡献，而且在发扬光大传统文化的层面上，在开发利用、创造以"黄焖鸡"为基础的餐饮品牌等方面也是卓有成效，创造了良好的社会效益与可观的经济效益。

　　杨晓路作为"济南黄焖鸡"非遗项目的传承人，在传承传统鲁菜"黄焖鸡"的技艺方面，既有家族的渊源，也有师承的基础，可以说是来自双重的传统技艺的熏陶与学习训练，从完全的技术视角把握了"黄焖鸡"的技术要领与文化精髓，于是在传承的基础上才有了创新发展的深厚功底与文化传承的理念。

（一）家传渊源

　　从家常的"黄焖鸡"到"孟氏黄焖鸡"，再到"杨铭宇黄焖鸡"餐饮品牌的创新发展，一路走来，之所以能够受到广大餐饮消费者的欢迎，是有其历史渊源的。从严格意义上，今天的"济南黄焖鸡"是有着家族传承渊源关系的。

晚清民国时期，一直生活在新城（今桓台）的路氏一家，由于干旱导致粮食几乎是颗粒无收，眼看着一家大小的生计没有着落，于是在当家人路严桂（杨晓路的玄外祖父）的带领下，全家人商量外出逃荒。收拾简单的行装，经过马踏湖，沿着小清河乘船逆行而上，来到了济南府的洛口镇。

根据"济南黄焖鸡"第二代传承人路鹏鹤（杨晓路的曾祖父）在回忆中对儿媳孟昭兰（第三代传承人）讲，当年他父亲看到洛口镇生意繁忙，外地人员来洛口做生意的人较多，就决定在洛口定居了下来。后来，为了生计就在亲朋好友的帮助下，开了一家小餐馆，名字叫"路氏福泉居"。餐馆开在洛口古镇的一个偏僻的小巷子里，由于当时洛口商业繁荣，做生意的人特别多，餐馆的生意也是很红火。但"路氏福泉居"具体是哪一年开始的也没有明确记住。而且，这种私家小餐馆，是以码头装运工等出苦力的人们吃饭为主，自家人经营，没有雇人，所以历史资料中也没有任何记录。不过据孟昭兰的公公路鹏鹤回忆说，那一年好像是大清朝发行了第一张"大龙"邮票。根据这个信息，经过核对，这一年是光绪四年，也就是公元1878年。根据这一信息可以大略知道，"路氏福泉居"小餐馆的创建，距今该有140多年了。只是因为缺乏文字记录而无法考证，只能依靠路氏后人口述史来予以证明。

孟昭兰是"杨铭宇黄焖鸡"品牌创始人杨晓路的姥姥，是"济南黄焖鸡"的第三代传承人。根据当时年届93岁的孟昭兰女士讲（孟昭兰于2022年12月去世，本书开始撰写时还健在），她是在中华人民共和国成立前的头几年嫁到了路家。嫁入路家后不久就跟随公公路鹏鹤经营"路氏福泉居"。餐馆日常是由路鹏鹤先生打理的，婚后的孟昭兰除了料理家务，在餐馆较忙时就到餐馆帮忙干活，慢慢就对餐馆有了一些了解，并跟着其公公学到了一些菜肴的制作技术，其中包括"黄焖鸡"的制作技术。随着时代的变迁，"路氏福泉居"也是几经变化，先是从洛口古镇迁到了济南铁路大厂附近，继续经营以"黄焖鸡"为主要代表的家常菜肴与普通饭菜。到了20世纪50年代，国家实施对私有工商业户进行改造，在政府有关部门的主导下，把当时济南的"路氏福泉居""泰丰园""四仙村"三家合并经营，成立了公私合营的"泰丰园"饭店。合并后，孟昭兰成为"泰丰园"的正式员工，直至退休。

孟昭兰生有一双儿女，成年后相继就业参加了其他工作，没有能够继承母亲的烹饪技艺。直到"杨铭宇黄焖鸡"餐饮品牌创始人杨晓路的出生，使孟氏技艺得以传承。杨晓路自幼跟随姥姥生活成长，受到了姥姥的诸多影响。姥姥经常给他讲述路家前辈如何逃荒到了济南，又如何在洛口经营"路氏福泉居"的故事。也是机缘巧合，杨晓路初中毕业后进入到了济南市第三职业中等专业学校学习烹饪专业，在启蒙老师孙一慰的教育和影响下，不仅喜欢上了烹饪行业，而且技艺得到了快速提升。图3-1为杨晓路与姥姥的全家照。

图3-1　杨晓路与姥姥的全家照

毕业后，杨晓路先是在几家酒店做过厨师，初步了解了一些饭店经营的门道。之后，在姥姥孟昭兰的影响下，于2003年在济南老商埠旧街区租赁了一处临街的门头房，经过简单的装修，挂出了"路氏福泉居"的老牌子，恢复经营以"黄焖鸡""糖醋黄河鲤鱼"等为主要特色的鲁菜，并且打出了"孟氏黄焖鸡"的招牌菜，开始了杨晓路创业的历程，并且成为"济南黄焖鸡"第四代传承人。

后来，由于济南老商埠街区旧城改造，"路氏福泉居"因此歇业。但在经营"路氏福泉居"的过程中，杨晓路不仅积累了一定的经验，而且对现代餐饮市场的发展有了一定的认识。于是经过一段时间的准备，于2011年成立了济南杨铭宇餐饮管理有限公司，并用"杨铭宇"（杨晓路儿子的名字）注册了商标，一举推出了"杨铭宇黄焖鸡"的快餐招牌。使"孟氏黄焖鸡"得到了传承，并发展为"济南黄焖鸡"。

"济南黄焖鸡"技艺传承脉络如下。

第一代传承人：路严桂。

为了谋生活，在济南洛口镇创办"路氏福泉居"餐馆，并成功打造了以"黄焖鸡"为主打菜肴的餐馆经营。但因餐馆规模较小，近代济南史料中没有任何文字记载。

第二代传承人：路鹏鹤。

路鹏鹤是路严桂的儿子，继承父亲创办的"路氏福泉居"餐馆，通过辛苦经营，使"路氏福泉居"以"黄焖鸡"等家常菜为主打菜肴的小餐馆，一度非常兴隆。"路氏福泉居"迁移济南市区后，开始对"黄焖鸡"的制作技艺进行不断地改进，由家常土法的焖制，到运用"炒糖色"等技艺，使菜肴的口味更加宜人，颜色更加艳丽，赢得了食客的赞不绝口。"黄焖鸡"也因此成为"路氏福泉居"的招牌菜而小有声气。中华人民共和国成立后，国家于20世纪50年代对当时的私有工商业户进行改造，把原来的"路氏福泉居""泰丰园""四仙村"三家餐饮企业合并经营，成立了公私合营的"泰丰园"饭店。合并后，路鹏鹤与儿媳孟昭兰均成为"泰丰园"正式员工，而且继续由"路氏福泉居"的路鹏鹤掌案。退休后，儿媳孟昭兰继续在"泰丰园"工作，在烹饪技术上得到了公公的真传，为后来的"孟氏黄焖鸡"奠定了基础。

第三代传承人：孟昭兰。

孟昭兰生于1929年，于2022年12月去世，享年93岁。孟昭兰是路鹏鹤先生的儿媳，20纪50年代路鹏鹤先生将当时的招牌菜"黄焖鸡"烹饪技艺传授给孟女士。孟昭兰在长期临灶经验的基础上，将原有的黄焖鸡不断进行改良，首先在使用的汤汁中适当加入一些香料，成为独家高汤秘技，再经过精心烹饪，推出了"孟氏黄焖鸡"，成为"杨铭宇黄焖鸡"的发展基础。图3-2～图3-4为孟昭兰现场指导。由于孟昭兰是杨晓路先生的姥姥，所以杨晓路后来就把自己的餐饮品牌"杨铭宇黄焖鸡"称为"姥姥家的鲁菜馆"，就是为了传承传统"孟氏黄焖鸡"的优秀技艺。图3-5和图3-6是孟昭兰与杨晓路的合照。

图3-2 孟昭兰指导外孙做菜

图3-3 孟昭兰在门店指导

图3-4 孟昭兰在门店检查菜品质量

图3-5 孟昭兰与杨晓路

图3-7 济南周公祠"杨铭宇黄焖鸡米饭"店铺　图3-6 孟昭兰与杨晓路在公司总部

第四代传承人：杨晓路。

杨晓路于1980年出生于餐饮世家，是孟昭兰女士的外孙，是"杨铭宇黄焖鸡"品牌创始人。杨晓路先生自幼对烹饪有着极高的天赋和热爱。他在2003年恢复经营"路氏福泉居"期间，"黄焖鸡"在店内点击率很高，这也萌发了他对这道菜品推广的决心。他在原有菜品的基础上加以改良，采集十几种香料及调味品严格按比例调配酱料。用新的经营模式让"黄焖鸡"走进更多食客的生活中。杨晓路先生在2011年成立济南杨铭宇餐饮管理有限公司，首创"杨铭宇黄焖鸡"快餐品牌，并在济南周公祠开了全国第一家店铺，如图3-7所示。

 （二）师承文脉

"济南黄焖鸡"作为济南地区鲁菜的非遗项目，具有良好的社会基础。不仅有家族的传承，而且也有清晰严格的师承文脉。

鲁菜作为中国最著名的地方风味菜系之一，在中国历史上有过辉煌的发展历史。其烹饪技法最为丰富。早在1600多年前的《齐民要术》中，所记录的烹饪方法就有蒸、煮、糟、煨、煎、炒、炖、烹、炸、腊、炙等20多种，奠定了鲁菜的烹调技法的基础。根据目前烹饪教科书的统计，仅鲁菜菜系烹饪技法的大类就有30多种。每种技法又有若干的小类，加之在运用中有许多复合烹调方法。因此，鲁菜的烹调方法不计其数。仅以鲁菜常用的技法之一"焖"而言，就可以细分为红焖、黄焖、酒焖、生焖、熟焖、酱焖、糟焖、干焖、油焖、酥焖、家常焖、勺中焖、罐焖、坛子焖、蒸后浇汁焖等若干种技法。而用于"杨铭宇黄焖鸡"制作的烹调方法"黄焖"，即是其中一种。

济南是"黄焖鸡"的故乡，是"黄焖鸡米饭"快餐品牌的发源地。据研究表明，以"炒糖色"与"沸酱"为特征的"黄焖鸡"制作源于鲁菜大系的济南风味。

"杨铭宇黄焖鸡"餐饮品牌创始人杨晓路，在追求鲁菜烹饪技艺的道路上，不仅有良好的家族传承，而且在就读济南市第三职业中等专业学校时，得到了济南老一代烹饪名师孙一慰等老师的指导。踏上社会后，杨晓路继续一心向学，立志把鲁菜发扬光大，曾经得到了济南许多著名烹饪大师的指点。后来，杨晓路有幸得到了中国鲁菜大师李培雨先生的亲自指导，并吸纳为"李氏"门下的得意弟子。

杨晓路诚心拜李培雨为师，为的是传承并发扬光大鲁菜的传统技艺，杨晓路拜李培雨为师敬茶仪式如图3-8所示。

李培雨，1953年7月出生于山东淄博，1970年12月应征入伍，于2016年6月光荣退休。在历经46个春秋的军旅生活中，历任原济南军区空军鲁鹰宾馆副总经理、空军接待处正团级副处长；先后兼任中国烹饪协会理事、中国烹饪协会名厨专业委员会执行委员暨山东工作区主任、山东省饭店协会副会长、山东省饭店协会技术专家委员会主席等社会职务（图3-9～图3-11）。

图3-8 杨晓路拜李培雨为师敬茶仪式

图3-9 李培雨大师

图3-10 李培雨大师工作照

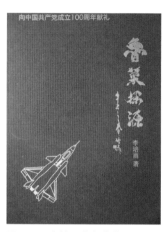
图3-11 李培雨大师著作

军旅生涯，李培雨自始至终以烹饪专业为主，以高超的烹调技艺献身于军队的服务事业。烹饪是一门专业性极强的技术工作，在学习烹饪技术的历程中，李培雨被所在部队选送到济南、青岛、烟台等多家地方知名饭店拜师学艺，先后得到山东著名烹饪前辈李曾义老师、鲁菜名师王兴南、程学祥、崔义清、颜景祥、初立健、郭经纬、王振才等的亲手指导，并得到中国烹饪协会副会长、老一代著名鲁菜大师王益三的赐教。尤其是在跟随颜景祥大师长期学习烹饪技艺的过程中，李培雨深得恩师的宠爱，便于1996年拜在颜景祥门下，现成为颜派门下的首席高徒。

献身军旅，李培雨一直从事烹饪技艺，获得诸多荣誉。代表性的荣誉项目有：1988年荣获"空军第一届烹饪大奖赛""三项全能第一名""单项面点第一名"；同年5月荣获"全国第二届烹饪大奖赛"金牌1枚、银牌2枚、铜牌1枚；1989年被中国人民解放军总政治部和中华人民共和国民政部授予"全国军地两用人才先进个人"；1991年被全国自学成才评委办公室评为"全国自学成才先进人物"；1996年被中华人民共和国劳动部授予"全国技术能手"；1999年被国家内贸部授予"国家一级评委"；1999年被中国人民解放军总后勤部授予"全军先进工作者"；2010年被中国饭店协会授予"中国十大名厨"；2012年被中国烹饪协会授予首届"中国烹饪巨匠"；2014年被世界中国餐饮联合会聘为国际中餐名厨委员会顾问；2017年被中国烹饪协会授予"中国烹饪导师"；2019年被中国烹饪协会授予中国烹饪顶级大师匠传委员会委员。

李培雨大师指导杨晓路学习鲁菜烹饪技艺，如图3-12～图3-14所示。杨晓路也因此成为弘扬鲁菜文化、传承鲁菜优秀技艺的一代新人。

李培雨大师的师父是颜景祥。图3-15是李培雨与颜景祥师徒合影。

图3-12　李培雨给杨晓路讲解菜品制作要领

图3-13　李培雨大师表演菜品
制作

图3-14　徒弟杨晓路在帮师父装盘

图3-15　李培雨与颜景祥师徒合影

　　颜景祥，被誉为中国鲁菜泰斗级大师，原籍济南章丘人，1939年2月15日（农历正月二十七）出生，1956年2月参加工作，中国共产党党员，曾经在济南燕喜堂饭庄、济南汇泉楼饭店、济南孔膳堂饭庄、济南市饮食服务公司培训中心任职，先后被中国烹饪协会、山东省烹饪协会和中国商务部授予"中国烹饪特级大师""中国鲁菜元老级烹饪大师""中华名厨"等荣誉称号，为国家级评委、国家职业技能鉴定裁判员、山东省高级技师评委、山东省烹饪协会大师厨艺表演团顾问。颜景祥为中国著名的鲁菜大师，为鲁菜技艺的传承发展不遗余力，兢兢业业，做出了巨大贡献。20世纪60年代到20世纪80年代，颜景祥先后工作于燕喜堂和汇泉楼两家知名鲁菜馆。当时的汇泉楼，以"糖醋黄河鲤鱼"而誉满泉城。颜景祥擅长鲁菜制作，其主要代表作品有荷花鱼翅等上百种鲁菜精品。1960年获全省炉灶技术革新奖。1976年获全省技术比武（烹饪）第一名，获济南市烹饪技术能手奖；被市政府授予"市劳动模范"。1978年获山东省第一届烹饪大赛第一名。1983年首届全国烹饪技术表演鉴定会，荣获"全国优秀厨师"称号。1984年被济南市政府授予"劳动模范"称号。1993年被劳动部评为"高级技师"和"中国鲁菜特级大师"称号；任济南市烹饪协会副会长、颜景祥厨师培训学校长。1999年被中国烹饪协会授予"全国十佳烹饪大师""中国鲁菜大师"称号。2000年被授予餐饮业"国家一级评委""国家级裁判员"称号；被聘为首届中国美食节中国名菜名点大赛评委。2001年被中国烹饪协会授予"中国名厨"。2002年国家内贸部和劳动社会保障部授予"国家级评委"。2006年被商务部授予"中华名厨"称号。2007年被中国烹饪协会授予中国烹饪大师金爵奖。2011年11月作为国宝级鲁菜泰斗被选入《国家名厨》大典。颜景祥对鲁菜的传播与发扬情有独钟，麾下徒子徒孙上千人，李培雨是其中最有成绩和影响力的第一门生。

自从业以来，颜老获奖无数，荣誉无限，更难能可贵的是，曾以七十多岁的高龄连续出版《中华鲁菜》《全羊大菜》、新版《中华鲁菜》等多部烹饪专著，日前又把他的恩师梁继祥先生临终前传给他的近八百道菜品名录、15个冷菜烹调技法、30个热菜烹调技法手抄本整理出版，这在中国烹饪界也不多见，体现了颜老对烹饪事业毕生的努力和情怀。

颜景祥的师傅是梁继祥。

梁继祥是山东省老一代著名厨师，被誉为民国时期济南鲁菜"四大天王"之首。生于1899年，山东省济南市人。曾任济南燕喜堂饭庄首席厨师。15岁在济南学厨，1918年后在当地多家饭庄事厨，1927年燕喜堂饭庄开业后，被聘为首席厨师，直至1961年逝世。他擅长鲁菜制作，尤对烹调济南菜、胶东菜有独到之处。1959年由轻工业出版社出版的《中国名菜谱》（第六辑）为鲁菜菜谱，其中精选了当时还在燕喜堂担任主厨的梁继祥制作的10道济南风味菜肴，包括清汤燕菜、氽黄管脊髓、汤爆双脆、八宝布袋鸡（图3-16）等代表性菜肴，充分展示了梁继祥对鲁菜发展的贡献。

如果从这样的师承关系看，杨晓路精心研发的"杨铭宇黄焖鸡"，有着正宗的鲁菜传承文脉：

第一代传承人：梁继祥；

第二代传承人：颜景祥；

第三代传承人：李培雨；

第四代传承人：杨晓路。

图3-16　八宝布袋鸡

　　"杨铭宇黄焖鸡"正是因为既有家族传承的渊源，又有师承文脉的基础，加上杨晓路不断创新的精神，在传承传统优秀鲁菜烹饪技艺的前提下，经过反复研究、实验，最终采用秘制酱料工艺技术，精选鲜嫩的鸡腿肉，融合十几种香料及调味品，并进行严格的比例调配，精心烹制而成。菜品用砂锅焖制，鸡块在砂锅内沸腾，鸡块滚烫，汁味和香味浸入鸡肉的内部，做出的黄焖鸡嫩滑多汁，色泽均匀鲜嫩不黏腻，独特的焦香味令人回味无穷，百吃不厌。这是"杨铭宇黄焖鸡"餐饮品牌成功走向全国的文化基因。杨铭宇黄焖鸡米饭如图3-17～图3-20所示。

图3-17　传统黄焖鸡

图3-18 新品黄焖鸡

图3-19 黄焖鸡配米饭

图3-20 一碗好米饭

⬡三 传承人荣誉

　　杨晓路作为"济南黄焖鸡"非遗代表性项目的第四代传承人和"杨铭宇黄焖鸡"餐饮品牌的创始人，在非遗保护传承和创新发展两个方面都做出了有目共睹的成绩。一道鲁菜非遗菜肴的发扬光大，一个餐饮品牌的成功运营，给当下的民众生活带来了方便美味的享受，给无数的家庭和个人创造了大量的就业、创业机会。与此同时，也赢得了社会的广泛赞誉。在得到各级政府部门和社会各界认可的同时，也获得了许多的荣誉。下面是几个有代表性的荣誉证书。

2019年，在由《经济》杂志社、人民日报社《市场报网络版》、《市场观察》杂志社、对外经济贸易大学中国国际品牌战略研究中心、《发现品牌》栏目组联合举办的"全国经济发展与质量品牌市场评价活动"中，授予"建国70周年·中国创新优秀企业家"称号，如图3-21所示。

图3-21 "建国70周年·中国创新优秀企业家"称号证书

2021年，在济南市天桥区举办的"2021年度非物质文化遗产项目评优评先活动"中，被授予"成绩优异"的非遗项目传承人，如图3-22所示。

图3-22 2021年度非物质文化遗产项目评优评先活动中获得"优异成绩"证书

2021年，被山东省精品旅游促进会评选为"2021年度山东精品旅游产业优秀企业家"，以表彰杨晓路在促进山东省旅游产业发展方面所做出的贡献，如图3-23所示。

图3-23　2021年度山东精品旅游产业优秀企业家证书

2021年，被《齐鲁晚报》、影响山东2021年度行业地标品牌巡礼组委会联合评选为"影响山东"2021年度行业地标品牌"最佳品牌创始人"称号，如图3-24所示。

图3-24　"影响山东"2021年度行业地标品牌评选中荣获"最佳品牌创始人"证书

2022年，济南市天桥区人大常委会颁发荣誉证书，以表彰杨晓路先生在新冠肺炎疫情抗疫中所做出的巨大贡献，如图3-25所示。

图3-25　抗击新冠肺炎疫情荣誉证书

2017年，美国加州塔斯汀官方颁发给杨晓路先生进入该州开店经营"杨铭宇黄焖鸡"餐饮品牌的认证证书，如图3-26所示。

图3-26　加州塔斯汀官方颁发给杨晓路先生的认证证书

2022年，杨晓路被"中国烹饪协会小吃委员会"吸纳为该委员会委员，充分认可了"杨铭宇黄焖鸡"餐饮品牌对推动中国小吃产业发展所做出的贡献，如图3-27所示。

图3-27　中国烹饪协会小吃委员会委员证书

2022年，在新冠肺炎疫情肆虐的情况下，"杨铭宇黄焖鸡"餐饮品牌克服种种困难，依然取得了令人可喜的成绩，并保持在稳定发展的道路上。在山东著名媒体等联合举办的"最具投资价值品牌"活动中，荣获"2022影响山东最具投资价值品牌"称号，如图3-28所示。

图3-28　荣获2022影响山东最具投资价值品牌称号证书

图3-29和图3-30是荣誉墙展示和各种荣誉集合图。

图3-29　荣誉墙

图3-30　各种荣誉集合图

第二节 "杨铭宇黄焖鸡" 技艺传承与创新

　　近年来，党和国家各级政府部门越来越重视我国餐饮市场"小吃"产业的发展。习近平总书记在2022年3月考察调研福建省沙县小吃产业发展情况时，不仅对沙县小吃、兰州拉面、济南黄焖鸡米饭等小吃项目有所了解，而且对我国小吃产业的发展提出了明确的要求。济南"杨铭宇黄焖鸡"餐饮品牌的发展，是从众多传统经典鲁菜中选择其中的一个点，进行了创新、研发等大量的努力和创业工作，最后以快餐小吃的形式展现在广大消费者的面前。而作为鲁菜非遗项目的"济南黄焖鸡"，既有厚重的家族传承，又有深厚的师承文脉，同时也融入了杨晓路本人及其团队的创新精神与心血在里面。从鲁菜非遗技艺传承方面而言，"济南黄焖鸡"非遗项目经历了传承、创新、发展三部曲式的渐进过程。

（一）三部曲之一：传承

　　"黄焖"烹调技艺是鲁菜的代表性烹调方法之一，而且根据研究表明是由民间家常制作方法走向了城镇的饭庄、餐馆，并在这些大饭庄、饭店的厨师手中不断得到了技艺改进与品质提升，成为20世纪六七十年代教科书中的范式。"杨铭宇黄焖鸡"的发展完善，正是基于这样的历史传承背景，得以实现的。

　　首先，晚清民国时期，路家在济南洛口经营的餐馆"路氏福泉居"，是一个规模较小的饭铺，以经营家常菜肴、饭食为主。而当时制作的"黄焖鸡"乃是家常制作方法，换言之就是用甜面酱为主调制的卤汁把鸡块放在锅里长时间的焖煨而成，其烹调方法简捷，便于操作，菜品风味原汁原味，质朴无华，充分展示出了民间厨师的烹调手艺。这种带有家常色彩的"黄焖鸡"制作方法一直持续到20世纪50年代公私合营企业的诞生。其时，"路氏福泉居"与"四仙桥""泰丰园"合并为"泰丰园"饭店，成为济南西部一家规模较大的餐饮服务企业，厨师的经验水平和菜品的质量要求都得到了相应的提高。此时，饭店所保留的"黄焖鸡"，在厨师们的技艺改进中，为了增加菜品的色泽感，融合了济南的"炒糖色"技艺。而且，为了确保菜肴酱汁的细腻滑润，又运用了"沸酱"技艺。由此使原本富有农家色彩的"黄焖鸡"一跃成为城市大饭店的美馔。由于技艺的提高，菜肴的整体品质得到了很大的提升。所以，在20世纪70年代以后的菜谱记录中，济南风味的"黄焖鸡"都是以这样的烹调技艺载入史册的。传统黄焖鸡制作如图3-31所示。

图3-31 传统黄焖鸡制作

这样的技艺传承，恰恰就是"济南黄焖鸡"第二代和第三代传承人完成的使命，并且通过经验性的总结，命名为"孟氏黄焖鸡"。而作为第四代传承人的杨晓路，由于得天独厚的家庭条件，不仅得到了第三代传承人对家族烹饪事业的谆谆教导与潜移默化，而且还得到了姥姥孟昭兰的言传身教，得到了"孟氏黄焖鸡"技艺的真传。

 三部曲之二：创新

杨晓路从职业高中烹饪专业毕业回归社会，在济南的几个酒店历练之后，便在以姥姥孟昭兰为主家人的鼓励下，于2003年在济南老商埠街区租赁场地，恢复家族餐馆"路氏福泉居"的经营，并传承以"孟氏黄焖鸡"等洛口风味融合新济南菜为主打风格。经过一段时间的精心经营，赢得了广大消费者的喜欢，尤以品尝"孟氏黄焖鸡"者为多。由于按照传统工艺焖制一盘（标准份），从下料到成熟至少需要30～40分钟的时间，而点菜份数的日益增加，给加工带来了很大的压力。为了解决这一问题，就不得不增加厨师，但厨师水平参差不齐，导致菜肴出品质量不一，严重影响了"孟氏黄焖鸡"的信誉。在这样的情况下，激发了杨晓路对传统工

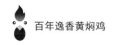

艺改革创新的意愿。

其时，为了适应新的餐饮行业的社会发展需求，许多大酒店先后提出了对一些传统工艺复杂、加工时间漫长的烹饪加工方法进行"工艺再造"的理念，并在具体的实施中收到了良好的效果。杨晓路通过外出学习，思路得到了开拓，于是就对"孟氏黄焖鸡"的传统工艺进行了改革尝试。整体的改进思路如下。

第一，传统的"孟氏黄焖鸡"使用的是炒勺或是铁锅焖制，由于密封效果不佳，需要较长的加热时间，导致能源浪费和加工时间过长。杨晓路就根据这一弱点，改用高压锅加热。由于高压锅是在高温、高压下快速加热，既节约能源，又缩短了加热时间，关键的问题是确保了鸡的各个部位都能够达到肉质酥软、骨肉分离的良好效果。

第二，传统的"孟氏黄焖鸡"是一份一做，虽说能够确保菜肴质量，但效率太低。因此，采取先用高压锅一次性多量加热成熟，再分成小份加热收汁，实现了一锅多份的极高效果，而且品质保持不变。

第三，一锅一份加工"孟氏黄焖鸡"的传统做法，由于每个人（厨师）操作习惯和添加调味料的顺序、时机、用量都有细微的差别。而这些差别正是导致菜品质量不一的问题所在。为此，杨晓路就通过反复试验，把传统的几种调味品通过预制，加工成为专门用于"孟氏黄焖鸡"的焖汁，规定了用酱、用糖色及香料的数量与比例，从而解决了操作过程中厨师随意性的传统做法。因此，使"孟氏黄焖鸡"的菜肴出品质量能够确保始终如一。

第四，针对由于高压锅加热时间较短，导致菜肴入味不足的现象，杨晓路又专门研制了一种腌汁，可以用于预制腌渍，并严格规定了腌渍的时间，为确保"孟氏黄焖鸡"的入味效果奠定了基础。

第五，所有经过高压锅加工的"孟氏黄焖鸡"，出锅装盘后，将余汁统一在炒勺中加热勾芡，浇在鸡块上，其色泽、亮度、观感，以至于口感、口味都得到了很好的体现。不仅确保了"孟氏黄焖鸡"的传统风味特色，而且出品的质量方面也有了一定的提升。

事实证明，杨晓路对传统"孟氏黄焖鸡"的工艺改进与创新加工方法，是非常正确和成功的，新的"孟氏黄焖鸡"一推出，就赢得了广大新老顾客的喜欢，而且客人再也不用为了等待一盘"孟氏黄焖鸡"浪费太多的时间。酒店也因此解决了因人力不足、加工时间过长给厨房带来的压力。而且，关键的问题是在确保菜肴质量的同时，简化了厨师的操作流程。即便是一个初学烹饪的厨工，经过简单的培训，

就能够熟练掌握"孟氏黄焖鸡"的加工
工艺。

　　传统"孟氏黄焖鸡"的操作过程有
两点技术难点：一是"炒糖色"，因为
火候的把握全靠厨师的经验，操作中稍
不留神就容易炒过而变成苦涩的焦炭，
不易控制。所以，失误率较高，不仅影
响了菜肴质量，也耽误了出品的时间；
二是"沸酱"技术，所谓"沸酱"就是
在温度控制适当的炒勺内通过手勺的快
速搅动，把甜面酱炒散至细腻油润沸热
即成。但这样的技术掌握也并非一日之
功，有时在炒酱过程中也有火候不易控
制等问题出现。但杨晓路通过对"孟氏

图3-32　改进版的黄焖鸡

黄焖鸡"传统烹饪工艺的创新改进，以上的问题都得到了有效解决，确保了菜肴出
品质量的稳定、统一。改进版的黄焖鸡如图3-32所示。

⬡三 三部曲之三：发展

　　然而，进入2009年，由于济南市对济南老商埠街区进行旧城改造，恢复经营
的"路氏福泉居"也在改造范围之内，因此导致"路氏福泉居"再次关门歇业。但
正是这次"路氏福泉居"关门停业的事件，给杨晓路带来了一个新的发展机会。

　　由于有了对传统"孟氏黄焖鸡"工艺改进的成功经验，而且通过杨晓路对在经
营"路氏福泉居"过程的经验总结，他发现在"路氏福泉居"大凡点食"黄焖鸡"
菜肴的客人，饮酒之外很多人喜欢配用米饭，甚至有的客人不饮酒，仅仅用黄焖鸡
配米饭进餐。这是因为"黄焖鸡"味道醇厚，汤汁适中，既可用于下酒，也可将其
配食米饭，堪称绝美的搭配。于是，杨晓路萌发了仅以"黄焖鸡"配米饭的快餐经
营模式。

　　在借鉴学习韩式石锅饭的基础上，再经过反复研究，以砂锅焖米饭、搭配"黄
焖鸡"及其适量汤汁、再配以少量菜蔬的模式初步形成。杨晓路依此开始了他再次
创业的发展之路。

2011年，第一家以"杨铭宇黄焖鸡"注册的快餐店铺，在济南周公祠首先亮相。令杨晓路及其团队意想不到的是，店铺开业不久，就赢得了泉城客人的青睐，尤其吸引了众多上班族。食客络绎不绝，经常出现排队等餐的现象，如图3-33~图3-36所示。于是，"杨铭宇黄焖鸡"米饭的店铺在济南便有了第二家、第三家……

之后，"杨铭宇黄焖鸡"米饭的加盟店铺，从济南发展到山东省其他城市，再发展到全国各地，乃至国外……

由于"杨铭宇黄焖鸡"米饭产品设计单一，出品质量容易控制，关键是出品时间极其快捷，随点随上，无需长时间等候，为城市上班族提供了极其便利的就餐方式。而且美味可口，风味独特，一时间成为许多年轻上班族的首选。因此，"杨铭宇黄焖鸡"米饭一发不可收拾，吸引了来自全国各地的加盟者。很快便在全国各地陆续有了"杨铭宇黄焖鸡"米饭的快餐店铺的蔓延与普及，一个以"杨铭宇黄焖鸡"为基础发展而来的餐饮品牌因此诞生。

图3-33　门店正门

图3-34　门店内部

图3-35　门店加工间

图3-36　沸腾的就餐景象

　　人们通常都懂得一个普通的道理，就是"只有发展才是硬道理"，"杨铭宇黄焖鸡"的成功深刻地印证了这一点。

　　从老字号"路氏福泉居"的农家"黄焖鸡"，到泰丰园大饭店经过技术提升的"黄焖鸡"，再到"路氏福泉居"恢复经营后推出的"孟氏黄焖鸡"，以及后来通过现代化技术改进的"杨铭宇黄焖鸡"，几乎成为"杨铭宇黄焖鸡"餐饮品牌诞生的必由之路。一路走来，一路在不断地对传统工艺进行改进、创新，使鲁菜经典菜肴"黄焖鸡"有了再生、发展的机会。

　　由此看来，对于传统的鲁菜而言，只有发展才是硬道理，而发展的前提无疑是基于不断创新的前进脚步。"杨铭宇黄焖鸡"餐饮品牌的成功之路就很好地验证了这一发展范式。

　　随着"杨铭宇黄焖鸡"餐饮品牌的日益发展，除以传统酱香为主要口味的黄焖鸡米饭外，近几年来在不断满足客人口味多样化需求的前提下，对黄焖鸡米饭的品种不断推陈出新。如有适应年轻人口味的"辣椒肉饭"，有适合中老年人口味和营养需求的"鱼豆腐什锦饭"，有迎合流行口味的"酸辣鸡饭"，有适合少年儿童口味需求的"番茄鱼饭"，有用传统鲁菜肉末茄子调制的"肉末茄子饭"，也有采用鸡块挂糊油炸后再调制汤汁焖煨的"虎头鸡饭"等，如图3-37～图3-40所示。这些黄焖鸡新品的推出，不仅迎合了广大消费者口味多样化的流行趋势，而且进一步加强了"杨铭宇黄焖鸡"快餐餐饮品牌的创造性和生命力。

干饭王
国民硬菜
辣子肉
超实惠
22
元/份
麻辣味

配料足
食材丰富
鱼豆腐什锦
鲜香味

滋啦冒油 下饭真行
肉末茄子
葱香味

图3-37 开发的新品

酸辣味
金汤鱼

金汤拌饭香
酸辣开胃

小朋友更爱
酸甜爽口
番茄鱼

一吃难忘
瑰宝口味
虎头鸡

酸甜味

图3-37 开发的新品（续）

图3-38 黄焖土豆排骨

图3-39 肉末茄子

图3-40 青椒肉片

 第三节 "杨铭宇黄焖鸡"
品牌文化传承

　　与"济南黄焖鸡"非遗代表性名录项目的传承发展一样，"杨铭宇黄焖鸡"餐饮品牌的成长与发展，也同样经历了传承、创新、发展的三部曲。

一 百年传承之路

从晚清民国时期路家在济南洛口创开小饭馆"路氏福泉居"开始，到后来迁址济南铁路大厂附近继续经营"路氏福泉居"，以及中华人民共和国成立后工商企业改造实施公私合营的"泰丰园"饭店，再到2003年杨晓路在济南商埠老街恢复经营"路氏福泉居"几年后关门为止的一百多年间，既是一个老字号餐饮品牌的成长、发展之路，也是为后来"杨铭宇黄焖鸡"餐饮品牌诞生、发展奠定了坚实的基础。

百年传承，从无到有，从小到大，从个体经营到公私合营的餐饮企业，从"路氏福泉居"店铺的创始、搬迁、变更到再次恢复经营。这条品牌发展的路径，既曲折又充满了耐人寻味的历史痕迹。

"杨铭宇黄焖鸡"餐饮品牌的诞生，是基于"路氏福泉居"老字号的百年传承，至少经历了四个阶段。

第一阶段，"路氏福泉居"开创阶段。清光绪四年（公元1878年），"济南黄焖鸡"第一代传承人路严桂在洛口为谋生计，开办"路氏福泉居"小餐饮店铺，如图3-41所示。

图3-41　1878年，"路氏福泉居"在洛口开业

第二阶段，公元1913年，由济南洛口通往黄台火车站的小铁路开通，称作"清泺小铁路"，洛口镇迎来了一个短暂的繁荣时期，"路氏福泉居"的生意在洛口达到了高峰，如图3-42所示。

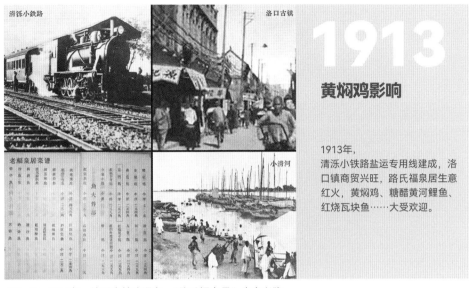

图3-42　1913年，清泺小铁路通车，"路氏福泉居"生意兴隆

　　第三阶段，1946年，洛口商业衰落，"路氏福泉居"随之搬迁到了铁路大厂附近的新址继续经营。直到1956年，中华人民共和国成立后，实施对私家工商业主进行改造政策，采取公私合营后。由此，"路氏福泉居"与"四仙桥""泰丰园"合并为"泰丰园"饭店，相关菜肴产品继续经营，如图3-43所示。

图3-43　1956年，公私合营"路氏福泉居"并入"泰丰园"饭店

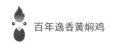

第四阶段，2003年，杨晓路在以姥姥孟昭兰为主家人的鼓励下，在济南商埠街区重新恢复"路氏福泉居"经营，使时隔50多年的老字号餐饮店铺获得了新生，直至关门停业，如图3-44所示。

图3-44　2003年，"路氏福泉居"在济南老商埠街区恢复营业

在以上四个阶段的餐饮品牌传承中，有两个文化特征不可忽视：一是，自始至终以"路氏福泉居"的名称延续经营，虽然期间有公私合营后的销声匿迹，但后来又在2003年得到了恢复经营；二是，从创始的"路氏福泉居"到过渡时期的"泰丰园"，再到恢复经营的"路氏福泉居"，其主打菜肴产品都有"黄焖鸡"的技艺传承，一直到后来总结为"孟氏黄焖鸡"，这是"路氏福泉居"老字号传承的关键所在。

新世纪创新之路

经过老字号"路氏福泉居"的百年传承与餐饮经营的历练，"济南黄焖鸡"非遗项目的第四代传承人杨晓路，在家族传承与师承文脉深厚的积淀中，于2011年走出了一条餐饮发展的创新之路，全新打造了"杨铭宇黄焖鸡"的新式快餐经营模式，开始了新时期、新阶段的创业之路。

经过一个时期的研发、筹备，第一家"杨铭宇黄焖鸡"米饭门店于2011年在济南周公祠附近正式亮相，并被命名为"杨铭宇黄焖鸡米饭周公祠店"（图3-45）。

在传承鲁菜文脉的基础上，以"孟氏黄焖鸡"为基础，进行了全新的产品设计，推出了全新的快餐方式，以物美价廉、快捷方便的产品特点，很快赢得了济南餐饮市场的认可。一家以"杨铭宇黄焖鸡"为招牌的餐饮品牌很快进入到了广大餐饮消费者的视野，尤其成为上班族的首选。

图3-45　第一家"杨铭宇黄焖鸡"店铺

　　从"杨铭宇黄焖鸡"米饭第一家开业得到消费者的喜欢开始，经过济南杨铭宇餐饮管理有限公司成立至今10多年的不懈努力，取得了可喜的成就，加盟店铺遍及国内外。在技术上有姥姥孟昭兰的渊源，同时又得到了著名中国鲁菜大师李培雨的亲传，产品研发层出不穷，如图3-46～图3-50所示。

图3-46　李培雨大师传授技艺

图3-47　店铺内服务台

图3-48　店铺门头

图3-49　升级版普通店铺

图3-50　升级版旗舰店铺

　　济南杨铭宇餐饮管理有限公司作为全产业链经营模式的实践者，目前的业务范围已经涵盖了食品研发、生产加工、物流供应链和连锁加盟等领域，是商业特许经营备案企业，是中国自主品牌领军企业，是中华人民共和国成立70周年·推动中国经济发展百强企业，是中国质量守信示范企业。旗下品牌"杨铭宇黄焖鸡"作为中国黄焖鸡品类的创始品牌，先后获得"中华风味名吃""山东餐饮老字号""全国绿色餐饮名店连锁品牌""中国餐饮名店""中国餐饮连锁加盟著名品牌""中国餐饮影响力品牌50强"等殊荣，更是2021年问鼎"中国小吃企业50强"的山东品牌企业。在流量经济盛行的今天，"杨铭宇黄焖鸡"堪称小吃界的顶流！面对这些既得的荣誉，品牌创始人杨晓路以及背后支持他的家人、创业团队一如既往地保持着厚积内敛的韧劲，犹如黄焖鸡历久弥新的醇厚口感一样——踏实低调。但品牌风雨兼程十余年，却也是大浪淘沙久经考验的十余载。而这所有的成功，包括成功之路上的每一个脚印，都印证了一个最基本的发展真理，就是"传承—创新—发展"。图3-51和图3-52为店内情景图。

图3-51　员工为客人服务中　　　　　图3-52　顾客排队购餐情景

 ## （三）品牌连锁发展之路

对老字号店铺文化的发扬光大和家族技艺的传承创新，奠定了"杨铭宇黄焖鸡"餐饮品牌在小吃连锁领域的发展基础。使"杨铭宇黄焖鸡"品牌的连锁发展如虎添翼，在短短的十几年里，以势不可挡之态，迅速在全国各地生根、开花、结果。这期间，品牌的连锁经营依然行进在"传承—创新—发展"的道路上。

1.创新成熟的标准化体系是连锁发展的基础

我国传统的餐饮行业，自古以来就是一个随意性较强、进入门槛较低的行业。中华人民共和国成立以来虽然有行业主管部门的统一管理，但除计划经济背景下的供给与价格的管控之外，就其产品质量及其工艺过程，仍然是一个自由发挥、自说自话的状况。直到改革开放以来，大量的私营、民营餐饮企业得到了迅猛的发展，而餐饮的出品标准，甚至包括定价标准都是由企业自己确定的。从社会层面而言，餐饮行业的产品出品，是一个没有统一规范的领地。菜肴、面点等产品标准大多数是经营者自己确定，工艺过程自己确定，用料配伍自己确定，就连销售价格也是在相关部门规定的范围内自己确定。换言之，中国的餐饮行业是一个自由发挥空间极大的社会体系。这种情况的存在，自有其推动行业发展积极的一面，但同时也存在着极其严重的缺陷。自20世纪80年代以来，以美国为代表的快餐品牌"麦当劳"进入中国以来，以其标准如一的出品、快捷灵活的服务方式，很快赢得了中国消费者的青睐，连锁经营的门店很快在全国各地普及开来，对传统的中国餐饮市场造成了很大的冲击。在这样的背景下，中国餐饮企业在经过一段时间的深思之后，也开始了追求规模化、标准化的发展模式，使我国的餐饮行业进入了高速发展阶段。因此，许多餐饮企业纷纷导入以ISO 9000质量管理体系为代表的规范化、标准化管理模式，有力地推动了我国餐饮行业集团化、连锁化、规模化的发展模式。济南杨铭宇餐饮管理有限公司成立伊始，就是在这样的环境下，为"杨铭宇黄焖鸡"成熟的连锁加盟标准化体系奠定了社会基础。经过多年的积极努力与完善发展，"杨铭宇黄焖鸡"成熟的连锁加盟标准化已经形成了包含加盟程序、管理方式、系统形象、产品和服务的标准化体系，如图3-53所示。

加盟程序标准化的运作模式，再加上加盟成本的合理定位，以及大众化产品口味的设计，大大提高了"杨铭宇黄焖鸡"餐饮品牌的市场扩张速度。同时严格

图3-53　杨铭宇连锁加盟标准化体系示意图

实行一公里范围内的商圈保护政策，在选址环节方面则由总公司技术人员进行把关，为加盟店方提供地域性客流量的预测和利润水平的科学预判，使加盟投资者减少了诸多的不确定性因素，就等于给加盟者吃了一颗定心丸。同时，公司在资金投入与品牌扶持发展的两个方面实现对加盟商绝对的利润倾斜。"杨铭宇黄焖鸡"餐饮品牌自面世以来的十多年间，加盟店铺得到了快速发展，在创造社会效益的同时，也创造了极其可观的经济效益。10多年来至少创造了3万人次的就业机会，赢得了社会的广泛赞誉。

为了确保加盟方的经营利益，济南杨铭宇餐饮管理有限公司制定了加盟单店的有效的管理模式和统一的督导方式等。2020年以来，在新冠肺炎疫情的影响下，公司又建立起了完善的外卖机制与网络订餐体系，积极引导加盟商进行经营模式的升级，在很大程度上保证了其加盟者的利益不受损失或尽可能地减少损失。

济南杨铭宇餐饮管理有限公司对"杨铭宇黄焖鸡"品牌形象把控严格，并以新产品的持续增加为加盟者不断地注入新鲜的血液，确保了产品的品牌形象与及其强大的生命活力，使各加盟商在不利的逆境中得到了快速的恢复与稳定的发展。稳定的加盟商与稳定经营业绩，使"杨铭宇黄焖鸡"的品牌定位更加清晰，以品牌招徕的客户忠诚度居高不下，为各个加盟店的成功经营铺平了道路。

"杨铭宇黄焖鸡"的餐饮品牌，在建立之初就将菜品制作标准化、服务标准化、加盟流程标准化等建立完善，形成了一系列的标准化运作模式，有利于加盟商快速复制与实际应用。2020年年初，山东省饭店协会以"杨铭宇黄焖鸡米饭"的企业标准为主要内容，协同相关餐饮企业联合制定了"山东省饭店协会团体标准《黄焖鸡米饭操作流程》"，并公之于世，得到了社会的广泛认可。"杨铭宇黄焖鸡店铺操作标准"的内容如表3-1所示。

2．完善有效的加盟体系是连锁发展的前提

济南杨铭宇餐饮管理有限公司在品牌创始人杨晓路的带领下，从长远发展连锁经营的角度，对连锁加盟建立起了完善的省（自治区、直辖市）、市（地级）、县三级的加盟体系。从申请加盟到店铺选址，从人员培训到店铺装修，从区域管理到品牌传播，从品质管控到利润回馈等，都建立了一套行之有效的标准化的运作体系，使其可以凭借其完善的标准化加盟运作体系在短时间内得到快速的成长。

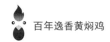

表3-1 杨铭宇黄焖鸡店铺操作标准

杨铭宇黄焖鸡店铺操作标准					
支持性文件：			页码：		
版本：		生效日期：	文件编号：		
起草人：杨顺义			批准人：		
产品名称		黄焖鸡	标准加工时间		3分钟
			器皿		金刚煲
材料名	单位	数量			
1	黄焖鸡块	克	1000		
2	泡发香菇丝	克	35		
3	生姜	克	35		
4	线椒	克	15		
5	黄焖酱汁	克	570		
黄焖酱汁					
1	纯净水	克	450		
2	黄焖鸡酱	克	120		
操作流程					
1	上岗准备	仪容仪表	上岗前检查着装是否符合标准，佩戴帽子、口罩、系好围裙		
		洗手消毒	按照标准流程进行洗手消毒，确保手部卫生清洁		
2	半成品预制	① 线椒清洗干净，控干水分，斜切成0.5厘米厚、3~5厘米长的片，线椒片放置在保鲜盒冷藏存储（不可紧靠冰箱内壁，避免冻伤）； ② 姜片清洗干净（着重清洗拐角处，避免有泥土），去皮切成0.3厘米厚、3厘米见方的薄片； ③ 干香菇丝用冷水充分泡发，推荐加入十倍清水，泡发至300%，使用前挤干水分； ④ 黄焖酱汁使用摇摇杯按照120克酱、450克水混合摇晃均匀备用； ⑤ 将黄焖鸡块1000克、35克泡发香菇丝、35克生姜片、配置好的570克黄焖酱汁倒入高压锅搅拌均匀，大火加热，待高压锅泄压阀转动/晃动时，使用计时器计时5分钟，计时器鸣叫时，及时关火并取下泄压阀放气； ⑥ 待高压锅泄气完毕后开盖，使用手勺沿锅壁轻轻搅拌混合，并将锅内食材汤汁平均分称三份备用			
3	操作流程	① 收到来单，将平均分称好的黄焖鸡放置灶具开火烧热，其间用手勺在砂锅正中打窝使鸡肉向四周均匀扩散，待锅中鸡肉血沫向中间聚拢时，使用手勺将多余血沫撇出； ② 加热过程中时常翻炒避免粘锅且需要在翻炒后将鸡肉均匀的浸在料汁中，使其继续收汁； ③ 待汤汁收至1/2且黏稠时，加入线椒翻炒均匀即可出餐（翻炒装盘时尽可能使鸡肉聚集在砂锅中间，线椒散布均匀，保持菜品美观）			
原料储存及操作要点					
1. 黄焖鸡块使用时需要漏筐控水，确保血水析出，避免鸡肉发腥；黄焖鸡块来货后冷藏存放，保质期48小时，门店需做好先进先出					
2. 黄焖酱汁常温存放，但门店需做好先进先出，使用前晃动均匀					
3. 线椒收货检查是否有腐败发烂现象，使用前需清洗干净。切好片后冷藏存放，控制在2天用完。使用时岗位上常温少量存放					
4. 上餐注意提醒顾客小心烫伤，正确使用煤气灶和砂锅夹、砂锅垫					
5. 门店使用天然气和煤气需加强安全管理，及时检查是否正常关闭					

　　济南杨铭宇餐饮管理有限公司完善的市场加盟运作体系包括加盟体系、管理体系、培训体系、支持赋能体系、督导管理体系和视觉形象体系等，是一组完整有效的组合拳。为此，公司在市场发展初期就精心编写、推出了加盟手册、运营手册、培训手册、行为规范手册等，以保证加盟商在复制"杨铭宇黄焖鸡"米饭运营模式中不走样。同时济南杨铭宇餐饮管理有限公司还提供客服中心以及配套的广告宣传和电子商务系统，并依托大数据平台建成了完善的信息化管理系统，对每一个加盟商的客户群体、菜品搭配、酱料供应等进行科学化分析，完善用户画像与市场需求的准确定位，进而实现产品与服务达到最优化的效果，积极对各个加盟商进行运营赋能。公司总部还通过推行一级代理责任制，既能够保障每一个加盟商的经营效果与利益，又确保了"杨铭宇黄焖鸡"品牌形象的强化与推进发展。正是这一套组合拳式的加盟标准化体系的运用，有效促进了"杨铭宇黄焖鸡"品牌连锁加盟的快速发展。在短短的十多年时间里，加盟店铺迅速辐射到全国23个省、5个自治区、4个直辖市共计200余个城市。截至2022年年底，"杨铭宇黄焖鸡"米饭已经超过6000家加盟店铺，如图3-54和图3-55所示。

图3-54 传统店铺门头

图3-55　新门店外观设计

3．严格管控的产品质量是连锁加盟的核心环节

严格的产品质量管控，是"杨铭宇黄焖鸡"品牌连锁加盟成功的运行核心。而管控过程就必须有标准可循，这就需要建立完善的标准化体系。一个加盟店的顺利加盟与开业，公司制定的标准化体系贯穿在每一个环节，包括在开店前、开店后经营管理的所有流程。由于"杨铭宇黄焖鸡"在产品的种类上有单一简约的优势，但要确保产品质量不走样，首先要确定所有食材均有统一的进货标准和完善的供应链体系。在此基础上严格统一工艺流程，以确保每一种黄焖鸡米饭都能够达到口味正宗、风味地道的目标。所以，严格的产品质量管控体系，使"杨铭宇黄焖鸡"的餐饮品牌形象得到了有效的巩固。

随着"杨铭宇黄焖鸡"加盟店铺的日益增加，济南杨铭宇餐饮管理有限公司建立并实施了区域代理责任制，公司组建了专业的市场稽查队，建立了规范化的巡检制度与巡检标准，重视客户投诉并且针对投诉及时给出整改和处理方案，如图3-56和图3-57所示。市场稽查队与巡检制度的建立实施，有效地维护了"杨铭宇黄焖鸡"的品牌形象。在全国各地日益迅猛发展的"黄焖鸡米饭"品牌的无序崛起中，起到了餐饮市场的引领与示范效果，发挥了积极的正面导向作用，为下一步的市场布局提供了强有力的市场保障和可借鉴经验。

图3-56 店铺内一角

图3-57 店铺标志背景墙

4．完善优化的供应链布局是连锁发展的保障

随着"杨铭宇黄焖鸡"米饭加盟店在全国的日益布局，传统的市场供应模式已然落后。随之而来的是建立和完善具有高效、信息化程度极高的现代化供应链。对此，济南杨铭宇餐饮管理有限公司早在几年前就开始了布局。以现有加盟业务为支撑，以物流冷链为着眼点，建立并不断完善中央厨房、酱料配制加工、预包装以及相关冷链设施的各个环节的标准化体系，以确保冷链操作的可靠性、有效性，为构建安全高效的速冻食品供应链奠定了基础。确保了全国超过6000家的加盟店，辐射200多个城市的大范围内，都能够得到优质的供应链服务，从源头到全过程确保各个加盟商在产品制作上的标准化得以有效保障。

2020年以来，公司为了完善和进一步优化供应链，开始寻找优质的战略合作伙伴，先后与正大集团、东北大米供应商等进行战略谈判并达成战略合作协议（图3-58）。引进正大集团的优质鸡腿肉，以确保食材的可追溯性。供应链的优化升级，有效助力了"杨铭宇黄焖鸡"品牌的稳固发展。同时选用东北长粒大米，让食客们放心食用。

图3-58 合作伙伴签约仪式

从企业发展的战略层面上来讲，完善优化升级供应链，是为加盟商提供完善优质的供应链支持，保证其产品在同品类市场竞争中能够保持一定的品质优势。从社会层面而言，完善优化升级供应链，也是济南杨铭宇餐饮管理有限公司践行食品安全体系，创建"食安"目标的决心和信心的强有力举措。

5．积极布局预制菜赛道

近几年来，随着我国餐饮市场的快速发展，以及2020年以来以传统中央厨房为基础发展而来的中国预制菜市场成为餐饮竞争的新业态。根据相关专家预计，未来几年内中国预制菜市场规模应该保持在20%以上的增长速度。中商产业研究院发布研究报告显示，我国目前预制菜市场存量约为3000亿元，长期有望实现3万亿元以上的目标市场份额。

基于这样的背景，为满足不同地区消费者的多元化需求，并拓展新的发展领域，济南杨铭宇餐饮管理有限公司开始积极布局预制菜赛道。由于济南杨铭宇餐饮管理有限公司有基础完善的中央厨房体系，有协作代工的料理包加工体系，为公司在预制菜的发展创造了良好的基础条件。目前公司已经研发推出了包括黄焖鸡、黄焖茄子、辣椒肉、虎头鸡、酸辣金汤鱼、番茄鱼、黄焖什锦等系列预制菜品。

济南杨铭宇餐饮管理有限公司作为中国黄焖鸡品类的第一品牌，也是中国小吃行业的巨头之一。以产品标准化、加盟体系标准化等建立起来的标准化体系，随着餐饮市场的深层发展，越来越凸显出济南杨铭宇餐饮管理有限公司预制产品在B端市场的优势。对加盟店进行预制菜业务附加值延伸，有力地提升了加盟店铺的盈利能力。同时，在预制菜成本降低、原料保存期缩短、配送响应需求及时等方面，依托已经建立起的完善的供应链体系，有力地实现了及时配送、订单快速、高效响应的应有效果，大幅提升了"杨铭宇黄焖鸡"品牌的市场应对能力。

如上所述，餐饮标准化是快餐连锁企业培育竞争的优势，是打造企业核心竞争力的必然之路。特别是在扩张速度、成本优势、先进的管理模式和高效服务四个着眼点上，餐饮标准化发挥着至关重要的作用。纵观"杨铭宇黄焖鸡"米饭快餐模式连锁加盟的成功运作，并不是一件偶然事件，而是在不断传承、创新道路上的踔厉奋进的努力结果，是在严格贯彻连锁加盟标准化体系建立与实施后的必然结果。

作为具有代表性的国民料理品牌之一，济南杨铭宇餐饮管理有限公司十余年的发展经验告诉我们，小吃行业以单一品种的形式发展，最好的模式和出路在于连锁加盟经营，而连锁发展的核心在于标准化，标准化是小吃行业得以深耕和前行的必由之路。同时供应链的完善发展是小吃连锁发展的最强外驱动力。与此同时，济南杨铭宇餐饮管理有限公司也肩负着弘扬鲁菜文化，振兴山东小吃产业的历史使命。并将积极为鲁菜品牌化、产业化发展赋能提供智力支持。"道阻且长，行则将至，行而不辍，未来可期"，期待有更多的山东小吃品牌走出山东，走向世界，将鲁菜文化带到世界各个角落。图3-59～图3-62为杨晓路接受采访参加会议等图片。

图3-59　2020中国餐饮加盟榜TOP100表彰现场

图3-60　杨晓路董事长接受采访

图3-61 杨晓路手捧"了不起的山东人"奖杯

图3-62 杨晓路在2021济南餐饮产业博览会现场

第·四·章

济南洛口
风味菜

至少自宋元明清以来，济南就是山东省的首善之区，晚近以来则是山东省的省会城市。虽然自古以来，齐、鲁文化并行于山东大地，但明清以来齐地的"济南"却一直是山东省的文化、政治中心。被誉为中国"八大菜系"之首的鲁菜，其烹饪技术体系的支柱即发端、发育、发展繁衍于此，后世人们称为济南风味菜。又因为济南古称"历下"，故又有"历下风味"之称。但严格意义上，"历下风味"仅仅是济南风味的主要组成部分而不是全部。

济南风味菜是鲁菜的支柱，是一个完整的菜肴体系，也是齐鲁地域饮食文化的代表。近世人们说起济南风味菜，大抵不外乎"糖醋鲤鱼""九转大肠""爆炒腰花""油爆双脆""熘肝尖""黄焖鸭肝"之类，给人的感觉济南菜无非是一条鱼（黄河鲤鱼）和一卦猪下水的菜肴制作而已。

误矣！谬矣！大错特错！

这是人们对济南风味菜的片面之见。当然，这与我国改革开放以来的一段时间内济南厨师的故步自封、抱残守缺的观念不无关系。

实际上，济南风味菜是一个历史悠久、内涵丰富、烹饪技艺全面、菜品繁复多样的完整体系。从菜品的食用对象来看，济南风味菜应该包括济南地方菜（民间和食肆菜）、官府菜、文人菜、商埠菜等风味流派。其中济南地方菜包括历下菜、洛口菜、历城菜（包括明水、遥墙、董家等），而济南商埠菜则包括洛口码头菜、济南开埠菜等。非常有意思的是，洛口菜是济南地方菜和济南商埠菜两个风味的交集点，是济南风味菜重要的组成部分，具有不可小觑的历史文化地位与烹饪技艺的代表性。然而，长期以来，无论是从济南商埠菜的视角还是从地方菜的角度，洛口菜始终没有引起人们的重视，堪称济南饮食文化研究的一大憾事。由于当下济南的"杨铭宇黄焖鸡"餐饮品牌起源于洛口古镇，而在探讨"济南黄焖鸡"非物质文化遗产渊源的时候，不免与济南洛口码头菜产生了千丝万缕的联系。因此。本书将借此机会展开对洛口码头菜的初步探讨与研究，同时也涉及对济南商埠菜的简要探讨，或许能够填补对济南风味菜研究的一项空白。

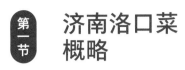

济南洛口菜概略

第一节

洛口菜，也称"洛口码头菜"或"洛口商运菜"，近年来又有许多人笼统地称为"北园菜"，起源于洛口古镇以盐运商货为主要背景的商贸集散地，覆盖范围包括今天济南天桥区、历城区，以历史上北园镇为中心，沿黄河、小清河两岸辐射覆盖的宽广地域。

从"泺水"到"洛口"

说到济南洛口菜，人们自然会想到洛口古镇，而洛口古镇则是源于古代的"泺水"。现今的济南，有一条修建近百年的道路——济泺路，它始于1927年的义威路，是贯通济南城南北的交通要道。济泺路向北的尽头就是旧时济水与泺水相交处，即后来大清河上的洛口。旧时因济水与泺水的盐运与货运在此汇集，于是形成了一个繁忙的商贸古镇——洛口。清朝咸丰五年（公元1855年），黄河泛滥改道，夺大清河河道入海，洛口又成为济南黄河渡口码头，洛口古镇仍然是黄河在济南的重要盐运码头。而明清年间京杭大运河是我国南北货运的黄金水道，且在古东昌府（今聊城）与黄河相交。此时一部分货船直接通过运河抵达京津，而其中的一部分货运商船也可以通过运河转到黄河水道抵达黄河下游的洛口码头。因此，济南的洛口古镇自古以来就是南北货运的重要集散地，尤其以盐运最为大宗，成为运河南北、黄河上下游食盐的集散地和转运地。

"洛口"古称"泺口"，因"雒"与"洛"相通，也写"雒口"。"泺口"现在习惯上被称为"洛口"。济南的"洛口"因泺水而得名。因为，"洛口"是古代泺水流入济水的地方，因此得名。北魏郦道元在《水经注》中记载说："济水又东北，泺水出焉。泺水出历县故城西南，泉源上，旧水涌若轮……泺水又北流注于济，谓之泺口也[1]。"这是"泺口"名称的最早文字记录，距今约有一千六七百年的历史了。而事实上往往文字记录要晚于实际存在的时间。而"泺水"，古代称为"泺"，殷墟出土的甲骨文中就有"灤"字（泺字的繁体写法）。在《左传·桓公十八年》

---

[1] 北魏·郦道元.《水经注校证》. 陈桥驿，校证，北京：中华书局，2013年，第199—200页。

中有"公会齐侯于濼"的记录。又《管子·大匡》也有"遂以文姜会齐侯于濼"的记录等。据考古学者研究认为，《左传》中的"濼"是济南地名的最早记录。齐桓公十八年（公元前668年），以此算来"濼"的名字距今差不多有近3000年的历史了。

由此看来，泺水自古以来就是流经济水、大清河，再由黄河北出济南的门户。而在此形成的洛口古镇曾经是济南北部最为重要的一个商运、盐运码头，是济水沿岸与黄河济南津口的重要码头，是济南交通上的"咽喉"。

济水在我国历史上与黄河、淮河、长江并称为"四渎"，古籍中多有记载。最早的记载是在《尔雅·释水》中："江、河、淮、济为四渎。四渎者，发源注海者也❶。"这里的江、河、淮、济即指长江、黄河、淮河、济水。因为它们最后的流向都是注入大海，所以称为"渎"。汉刘熙在《释名·释水》中进一步解释说：

> 天下大水四，谓之四渎，江、河、淮、济是也。渎，独也，各独出其所而入海也。江，公也，诸水流入其中所公共也。淮，围也，围绕扬州北界东至海也。河，下也，随地下处而通流也。济，济也，言源出河北济河而南也……海，晦也，主承秽浊其色黑而晦也❷。

《尔雅》被学界认为是战国至西汉时期的典籍，行文比较简略。而刘熙是东汉人，所撰写的《释名》一书距离《尔雅》不是太久远，因此他的解释是非常有说服力的，也是可以信的。《释名疏证补》书影如图4-1所示。

除此之外，《史记·殷本记》也有："东为江，北为济，西为河，南为淮，四渎已修，万民乃有居❸。"还有其他典籍都有记录，不再一一引述。所谓"渎"是指从发源通向大海的河流，实际上也是重要的泄洪水域。但几经变化，历史上的济水后来逐渐演变为大清河，洛口也因此占据了两河交汇的有利地势。唐宋以后，由于黄河的历次改道，导致上游雨水泛滥，由此造成了大清河夺济水的河道，"洛口"因此变成了大清河上的一个重要码头。加之与黄河古津口相毗邻，洛口古镇到了明代，愈加繁华，当时，济南、泰安、东昌、兖州、沂州、曹州等地所用的食盐等都

---

❶ 清·郝懿行著. 安作璋主编.《郝懿行集·四·尔雅义疏》，济南：齐鲁书社，2010年，第3441页。

❷ 汉·刘熙撰. 清·王先谦撰集.《释名疏证补》，上海：上海古籍出版社. 1984年，第32页。

❸ 汉·司马迁撰.《史记·殷本记》，北京：中华书局，1997年。

图4-1 《释名疏证补》书影

要由洛口转运，木材、药材、毛皮等货物也在这里集散。一时间，洛口成为商业重镇，富商大贾麇集，菜馆酒楼布满街市，楼船往来，非常热闹。中共济南市委党史研究院编撰的《济南简史》记载："济南北郊泺口镇，是著名的水上码头，为古代山东黄河上最大的渡口。"这里所说的黄河渡口，即黄河改道之前大清河上的洛口。洛口商业古镇由此形成，而且兴旺发达，成为旧时济南最重要的商贸集散地和商业古镇。

 洛口盐场对洛口菜的影响

明清以来一直到1949年之前，济南是黄河航运的最大码头、渡口之一。上及鲁南、河南、山西、陕西等地，下至淄博桓台（旧称新城）、滨州而后可直通大海，货运业务往来繁荣，集市贸易兴盛发达，而这一切都是在洛口镇完成的。因此，当时的洛口古镇，货栈商店林立，来往客人来自全国各地，商贸服务业鼎盛一时，素有"小济南"之称。晚清至1855—1904年间，洛口古镇内有30余条街道和百余处商铺，部分区域繁荣程度甚至超过了济南主城区。对于洛口古镇的繁荣景象，明清时期王象春、朱照嘉等济南籍文人墨客在诗词中多有记述。如明代的济南人王象春在《济南百咏》的竹枝词中有"盐场"一首，词云：

> 可怜泺口困盐场，上下抽单日月长。
>
> 从昔派盐如派矿，今年淡水煮飞蝗❶。

为了说明这一情况，王象春还在竹枝词的后边，附加了一段文字进一步解释当时洛口盐场官商勾结、贫民守着盐却无盐可食的情况。原文说：

> 江淮盐场公私两利。济上于泺口设场，食地原隘，舟道更艰，抽单官吏渔猎其中，按邑派盐，岁以为常，馋及民髓。迨乙卯、丙辰，穷民正须食盐以下草根木子，顾又高直，坐勒淡水煮蝗，实录也。稔既受盐之害，褪又不得盐之利，当事者可不长计哉❷！

虽然身在盐场，老百姓却因为贪官污吏的层层盘剥，连肚子都吃不饱，甚至有时候要用淡水煮食蝗虫充饥，过着守着盐却没有盐吃的贫困生活。我们姑且抛开盐民苦难的历史不说，这首竹枝词从一个非常写实的角度反映了明清时期洛口盐场漕运情况。

洛口古镇因明清盐运而兴旺，因黄河渡口商贸往来而繁荣，成就了济南历史久远的内河码头文化和商埠文化。山东自古以来便得"鱼盐之利"，是全国产盐重地，食盐行销历史也颇为久远。同时，明清年间两淮盐运也在此转运，洛口因此成为闻名全国的食盐集散地。特别是明清两代，政府为了开发利用大清河、小清河解决北方、西部各省食盐运转问题，将凡是通向盐场的河道都进行开发利用，大清河、小清河、京杭运河成为山东食盐运转的主要河道，洛口古镇也成为明清时期我国北方的盐运中转枢纽。

咸丰五年（公元1855年），由于汛期黄河上游水势太大，入海口长期泥沙淤积不得泄洪，黄河在河南兰阳（今兰考）北岸铜瓦厢决口。汹涌的黄河水先流向西北，后转折东北，然后夺山东大清河流经济南，北流于渤海入海延续至今，形成了现在的黄河河道。这样一来，洛口也就成了黄河流经济南的一个码头，但由于黄河与京杭大运河在山东交汇，且小清河在济南与黄河交汇，所以济南的洛口依然承担着原来南北食盐转运的任务。此时，洛口古镇的繁忙程度虽然有所下降，但依然是

---

❶ 雷梦水，潘超，孙忠铨，等.《中华竹枝词》（四），北京：北京古籍出版社，1997年，第2426页。
❷ 雷梦水，潘超，孙忠铨，等.《中华竹枝词》（四），北京：北京古籍出版社，1997年，第2427页。

个商贸繁荣的津口码头。清末著名小说家刘鹗在《老残游记》第四回有这样的描述：
"出济南府西门，北行十八里，有个镇市，名叫雒口……本是个极繁盛的所在。自
从黄河并了，虽仍有货船往来，究竟不过十之一二，差得远了。"刘鹗所说的"自
从黄河并了"就是指1855年黄河改道并入大清河的事情。也就是说，100多年前的
晚清时期，洛口码头依然繁华热闹。但在刘鹗的眼里已经不能与黄河改道前的洛口
古镇相比了。据文献记载，早年间"在洛口镇外，每天差不多有一二百号帆船停泊
着，这些帆船有来自河南的，那些船里运载着黄河流域上游各省的货物，像桐油、
纸、茶、水烟与漆等，都由洛口卸货，然后由洛口再运赴济南或从小清河运到利津
去。还有来自黄河下游的，多数是盐船，因为山东沿海各县是产盐的区域，这些盐
都得由水道运到洛口，再转发到别省去。"由此可见，洛口古镇曾是黄河第一水陆
码头和物资集散地（图4-2和图4-3）。

根据零散的资料记载，当年的黄河码头，南岸和北岸都有渡口，但以黄河南岸
码头为主要集散地，也就是靠近济南市区这边的码头，被称为"上关道口"，是官
渡码头，政府派管理机构和人员实施管理。除此之外，还有一些较小的民渡码头，
在黄河两岸都有。如在距离"上关道口"东400米的地方有一个较小的民间运用的
渡河码头，被称为"下关道口"。"下关道口"主要是由一些小船运送过往市民和
物品等。民国时期，黄河南岸码头相邻有多处，停泊带桅杆之大船者为货物码头，
还有坡岸边之较小码头，多为搭乘过河百姓之载人码头。

由于洛口位于济南北部商贸、盐运集散地，洛口码头是北出济南的重要门户，
往来运输货物与经商的客户络绎不绝，而且来自全国各地，由此自然形成了一个规
模堪与城镇媲美的商贸古镇，即洛口古镇。当然，在规模与体量上，虽然洛口古镇
只是黄河岸边的一个小镇，却和很多大城市一样，有着自己的城墙。据资料记载，

图4-2　舟楫林立的洛口码头

图4-3　济南旧洛口黄河渡口一瞥

这道城墙是用石头砌成的圩子墙，始建于清朝道光二十八年（公元1848年）。之前的明清时期，洛口是否建有城墙，因为文献阙如，已经不可考证。1848年开始建造的城墙，只有东、南、西三面，北面则是背靠着大清河，即后为黄河的大坝与大坝上的渡口，作为天然城墙，形成了洛口古镇城墙。墙上开设了南门、西南门、西门和大坝门，每道城门上建有城楼。洛口古镇的圩子城墙南北长1500米，东西宽500米，墙高6米，城墙顶上宽2米，能通行民间车辆，墙外还有一条圩子河。城内房舍整齐，街道平夷、纵横交错，有"三十六街十二巷子"之说（图4-4）。镇上人口最多时有居民4000余户、15000余人。就是在这个不起眼的洛口古镇上，既有过文人雅士的园林别墅，也有过盐商巨贾的深宅大院，还有贩夫走卒的普通民居。古镇上所居住的普通居民，大抵由两部分构成：一是当地的原居民，根据洛口经贸市场的需求，做一些搬运、服务、商业的营生，包括运用自家的房屋开办小餐馆、小旅馆等；另一部分则是黄河上下游、小清河下游前来镇上做生意的居民，包括来自曹县、临清、东昌、桓台、滨州等地的商户。正是这些洛口古镇的居民，一方面为洛口古镇的兴旺发达做出了应有的贡献，另一方面也见证了历史上几度兴盛的河运古镇风貌。

图4-4 济南外圩子外景一瞥

(三) 洛口菜对济南风味的影响

公元1904年胶济铁路的建成通车，济南有了新的商业运输与交通途径，济南同时被清廷批准为对外开放的内陆商埠码头。为了加强济南商埠区域与洛口古镇的商贸、经济联系，公元1926年，时督济南的张宗昌在洛口和成丰桥之间修了一条马路，称为"义威路"，因张宗昌号称"义威上将军"而名之。义威路的修建对沟通洛口码头和济南商埠起到了至关重要的作用。全国各地自水路来的货物，通过这里顺利地进入商埠，而在商埠区内加工而成的各类商品，也通过洛口运往全国各地。与此同时，沿义威路两侧，一些商户慢慢多了起来，并逐渐形成规模，洛口水运达到兴盛期。

随着济南商埠的兴起，洛口古镇的一些商户开始搬迁至济南商埠区内，洛口古镇的商贸业务逐渐走向衰退。期间，为了加强铁路运输的需要，在1913年1月，应盐商要求，济南黄台桥至洛口码头的铁路盐运专用线（旧称"清泺小铁路"）改建标准轨距工程开工，并于当年6月完工，与津浦铁路洛口站相接，全长7.8千米，改称为津浦铁路"泺黄支线"。此时洛口的盐运业务逐渐由原来的水运被铁路运输所替代，但洛口的商贸集散地依然在发挥作用。直到1938年，津浦铁路的"泺黄支线"被日本侵略军拆除，洛口古镇的商贸日益趋于衰落（图4-5）。

图4-5 1930年洛口镇远景

作为古代盐运、航运、商贸集散地的重镇，洛口古镇留下了丰富的历史文化遗产，其中包括富有地域文化特色的"洛口菜"。我们今天所研究探讨的"洛口菜"，是由洛口地域特色食馔与洛口商埠交流背景菜肴形成的饮食风味体系，具有独具一格的文化特色与地域特征，是济南风味菜及其重要的组成部分，也是鲁菜大系不可或缺的重要内容。

晚清民国之前的洛口餐饮风貌由于资料短缺，已经不可考释。现在仅以清末民初以来洛口的餐饮、烹饪状况来窥"洛口菜"发展之一斑。

如前所述，当年的洛口古镇城内房舍整齐，街道平夷、纵横交错，素有"三十六街十二巷子"之说。镇上除了各色人等的豪宅民居，更有商户林立的商贸街，有以饭庄、酒楼、旅馆为主的餐饮住宿街，也有以各色娱乐为主的街巷等。据载，民国时期，洛口古镇上著名的大饭庄就有"继镇园""松竹楼""四季春"等，据说都是多年的餐饮老字号，厨师技艺高超，餐饮饭食精美，商家饮宴、文人雅集无不在大饭庄为之，生意兴隆，顾客盈门。这些大饭庄利用地理优势，就地取材，烹制出许多富有特色的名菜，如糖醋黄河鲤鱼、红烧瓦块鱼、奶汤鲫鱼等。除此之外，在大街小巷还有一些规模较小的餐馆、酒肆，以制作贩卖特色菜肴、小吃、面食等见长，如"路氏福泉居""四仙村""李家烧饼铺"之类。他们依据各自的优势，以经营特色饭菜为主，深受当地居民和普通客户的欢迎，如"路氏福泉居"的"黄焖鸡""清炖鲫鱼""酱焖鲤鱼"等，再搭配上等的米饭，可供普通小商贩小酌，加上餐饭物美价廉，深受欢迎。

与此同时，餐饮、住宿业和商贸往来的发展，还诞生了一大批传统酿造食品、糕点食品、腌腊食品等商家与作坊，加之洛口本身就是食盐的集散转运码头。如当时有名的糕点制作店铺"奎盛号"等，酿造作坊则有"醴泉居""远香斋""永成醋坊""信诚醋坊"等。由于使用黄河水和出产于黄河两岸的小米酿造醋，米香馥郁，醋味醇美，品质优良，风味独特而成为济南酿造食品的代表，这就是后来被人们广泛称誉的"洛口醋"。

据传说，"醴泉居""远香斋"的名号，创办于明末清初，距今已有三四百年的历史了。他们制作的酱菜、酿造食品，以其味道醇厚、口感绝佳，深受民众喜爱。其中最著名的是被后人称道的"洛口醋"。"洛口醋"以其独特的酿造技艺而著称，采用纯粮酿造、天然晾晒等传统工艺，选料精致，工艺独到，味道香醇，色如琥珀，浓稠程度能够"挂碗"，若放置二三十年，会浓缩成"醋膏"，传统工艺使洛口醋保持了其酸、甜、清、亮、香的五大特点。公元1855年以来，洛口古镇已有

"永成醋坊""信诚醋坊"等十余家知名醋坊，颇具规模，那时的洛口醋远销北京、天津、上海等地。

有优质丰富的河产与地方特产食材，有品质一流的酿造作坊与调味品生产，有繁荣发达的商旅客人的食宿需求，有济南洛口地方厨师的技艺传承，洛口菜在晚清民国期间完成了由农家菜到商埠码头菜的华丽转身。直到20世纪50年代初，洛口城墙圩子拆除，原址上铺成环城马路，古镇风貌渐渐消失。但从洛口迁到济南商埠区及市区内的一些店铺，包括饮食店铺的影响却是不可小觑的。洛口菜也因此融入济南风味菜的体系中，成为济南风味菜重要的组成部分。

洛口风味菜的文化特征

如前所述，洛口菜的形成与发展基于洛口盐运商埠与黄河码头货运的时代文化背景。但洛口菜的基础却是泺水、济水、大清河、黄河丰富多样的淡水河产，以及黄河洛口以下流域与小清河之间广阔地域农业特色食材，加之黄河、大运河各地货物与商人的往来，形成了大范围的物资交流与文化融合，其中包括饮食文化的交流。因此，形成了洛口菜由地方民间菜到商埠码头菜的发展与变化。从这样的历史背景与文化蕴涵来看，洛口风味菜概括起来具有如下几个明显的文化特征。

洛口菜兼容并蓄的商贸交流特征

我们现在所说的鲁菜文化，往往拘泥于齐鲁地域文化的背景。实际上，鲁菜文化在形成与发展过程中，是经历一个兼容并蓄的融合发展与汲取完善的过程。其中济南菜的洛口风味的形成与发展就是一个最好的例证。

仅以民国时期的洛口古镇而言，由于洛口的盐场水运地位，来自黄河上下游各地的商人络绎不绝，因此促进了洛口服务业的发展。据资料记载，当时一个小小的洛口古镇就有大大小小的客栈二十余家，较著名的有"新诚东""华东客栈"等。商客流连此地做生意，除了住宿，还有各种商谈应酬、朋友餐聚、年节家宴等。于是洛口的饭庄、酒楼、各种食肆林立大街小巷，规模较大的就有三十余家，最著名的当属"继镇园""松竹楼""四季春"等，还有一些不起眼的小饭馆，如"路氏福泉居""四仙桥"等，以及一些专项售卖的烧饼铺、包子铺、酱肉铺、馃子铺、糕点铺等（图4-6）。其间还有一些著名的酿造作坊，生产各种酱品、酱油、食醋、豆豉等，以及一些酱腌制品的小作坊，如著名的酱园有"醴

图4-6 老济南商埠街道一瞥

泉居""远香斋"等，知名的醋坊有"永成醋坊""信诚醋坊"等十余家。这些酿造作坊、醋坊当时已经颇具规模，其洛口醋、黄酱等销往北京、天津、上海等地。

在一派繁荣的商业背景下，各饭庄、酒楼，甚至各种小饭馆，老板和厨师为了满足不同客人的饮食需求，就必然形成一定的商业竞争，这无意之间就会促进洛口烹饪技艺与食馔制作技术的发展。

客人来自四面八方，菜肴制作就要满足不同客人的需求，于是就有外地的厨师来到洛口餐饮企业打工、从厨的现象。如当时有来自桓台、曹县、东明、东昌府的厨师。他们有的是来学习烹调技术，而有的则是来做工谋生的，也有的是跟随做生意的东家来到洛口古镇的，不一而足。因此，来自不同地区的厨师就有了互相交流学习的机会。据著名饮食文化学者、鲁菜烹饪大师李志刚先生研究，济南的"糖醋黄河鲤鱼"源于洛口，而洛口的"糖醋黄河鲤鱼"技艺则是来自于聊城的糖醋鱼技艺。旧时的聊城，又称东昌府，是黄河与运河两条重要水系交汇的地方。东昌府在明清年间，有通过运河来自南方、京津的客商，也有来自黄河上游陕西、山西等地的客商。他们有的带来了各地的商货，有的是来到东昌府做生意的。陕西、山西人把他们喜欢吃醋的习俗也传到了东昌府，而当时聊城厨师制作的醋熘黄河鲤鱼的技法，也是受到陕西、山西人的影响。后来在此基础上，被聊城厨师融合发展为"糖醋黄河鲤鱼"，再经过洛口码头传到了济南，并在技艺上有了改进，于是成为富有代表性的济南名菜。我们姑且不去讨论这样的说法是否可靠，但当年洛口古镇所具有的厨师汇集、厨艺交流融合的背景是现实存在的。聊城的"陕山会馆"保留至今，就是陕西、山西客商在山东经商的证明。这也足以证明当年的洛口也是一个各地客商汇集的商业重镇，而烹饪技艺的交流在所难免。

再比如洛口菜中的"红烧瓦块鱼",其菜肴的制作技艺,或是受到黄河上游河南烹饪技法的影响也未可知。查阅济南老菜谱中,并无"瓦块鱼"的名称,而在晚清期间的北京,以河南风味著称的"厚德福"饭庄,就以"红烧瓦块鱼"见长,是公认的河南菜代表。而地处黄河下游的济南洛口,也有河南客商的来往,包括与北京厨师技艺的交流。由此来看,由于商贸交流与互通有无的背景,为洛口菜创造了兼容并蓄的学习机会,使其在这一时期有了很大的提升。据济南老一代厨师讲,济南的"糖醋鲤鱼"过去有三种制作方法,主要体现在挂糊和刀法的不同,其中洛口厨师制作的"糖醋鲤鱼"独占一派。这足以说明洛口菜在济南风味菜体系中所占有的重要地位。

洛口菜以济南地方特产见长的地域文化特征

迄今为止,尚没有人对洛口菜进行系统的研究总结,因此洛口风味菜肴的种类与数量也无从梳理总结。也就是,到现在没有人能够说清楚洛口风味菜究竟有多少种。主要原因在于,洛口古镇的风头早在1949年之前就已经式微,大量的商户搬迁到了济南商埠或市区其他地方,而随着洛口外圩子的拆除,洛口古镇也就不复存在。特别是20世纪50年代,随着公司合营的企业改造,洛口菜也随之融入济南中心区域的饮食风味中,较少有人对曾经繁荣一时的洛口餐饮及其烹饪技艺进行专门的研究。

直到进入21世纪,随着人们对传统文化、老字号企业、非物质文化遗产的日益重视,包括洛口菜在内的洛口商埠码头文化才被重新提起,并得到地方政府的重视。近年来,偶有公共媒体和自媒体对洛口菜(也有称为北园菜)有所提起或关注,但始终没有形成对洛口菜进行挖掘、整理和研究的良好氛围,至于对于洛口菜的专门研究就更加无从谈起了。

根据目前人们对洛口菜的习惯认知和传统资料的梳理,洛口菜较之历下风味、济南官府菜和食肆菜而言,所体现的以济南地方特产为主要食材见长的地域文化特征更加明显,主要表现在食材的应用方面。

洛口菜在食材应用方面主要有三大地域特色。

第一,菜品以黄河及其周边水域淡水水产食材占据主要地位,形成了洛口菜善于烹饪黄河水产的技艺特色。应用的主要食材包括黄河鲤鱼、鲫鱼、刀鱼、黑鱼、黄鳝、泥鳅、鲇鱼、草鱼、青虾、小螃蟹等。较有代表性的菜肴如"糖醋黄河鲤鱼""红烧瓦块鱼""清炖鲫鱼""香酥鲫鱼""醋烹小白鱼""干炸黄河刀鱼""酱焖

泥鳅"等。

第二，黄河洛口码头以下与小清河两岸广阔的地域，是济南市著名的菜园子。这里土壤肥沃，水资源丰富，自古盛产各种陆产蔬菜和水产植物，如大白菜、大萝卜、蒲菜、茭白、莲藕、菱角，以及应季的各色蔬菜。济南的历史上有"南柴北菜"的说法。这在明人王象春的《济南百咏》竹枝词中有较为详细的描述。王象春《济南百咏》的竹枝词，不仅有词，而且还在每一首词的下面有简要的文字解释，为我们今天了解旧时的情况，提供了珍贵的资料，兹摘录"东麦""西米""南柴""北菜"四首竹枝词如下。

东麦

大麦干枯小麦黄，诧闻二月捕飞蝗。

休言此地惟宜面，南客翻来粜硬粮。

齐城旧语谓：南柴、北菜、东麦、西米，以城中食麦仰给于东三府也。卯辰之岁，天降丧乱，自二月已困蝗蝻而二麦尽矣！北地专以麦为生，今岁反自南至东。俗称麦为硬粮，一麦可敌三谷。

西米

蒲包粳米自江船，小脚张秋百当干。

官价买将三四折，斗行逃尽丙辰年。

北方鲜稻，而省会官衙需之甚急；张秋去济三百里而遥，挽输则三十致一；再困以衙狐、市蠹、斗行陪累，与岁为殉耳！至于连岁赈米与平粜之米，乃又费而不惠。赈米则保约与其亲厚视为家厨，而饥民死；粜米则衙役与土豪视为奇货，而墨吏欢。赈而无赈，平而不平，米耶！米耶！尔何仇视穷民之腹、昵就奸富之廪耶？！

南柴

山川涤涤鲜林科，短草枯篙不用柯。

莫问束柴如爇桂，但听野哭当樵歌。

齐城柴素贵，至丙辰山寇生发，斧斤不敢躏入，民益苦之，乃官衙暴殄，甚至以木炭炊爨。若见新菜诸县行户上纳之苦，一黑炭一白骨也！奈何狠戾视之！

北菜

常年二月献王瓜，错落朱盘碧玉芽。

旱后千畦如刮板，葫芦五月未开花。

城北水汭之地，尽划作畦，以供官民食用。丙辰苦旱，饥民伺草芽而啖嚼

无余，岂复得新菜之美。酸子至济，既无食肉，齿舌专仰菜根以给，又惧

此苦菜。不熟日馑，余逊饥而得馑，其何利焉❶！

根据竹枝词的描述，济南城外，旧时北部以出产各种蔬菜为主，是济南府的菜园子；南部山区以出产木柴占优，是百姓的生活来源；东部则有广阔的沃土，是生产小麦的地方，济南的小麦来源于此；西部则以稻米供应为主，通过运河的运输把南方的稻米经大清河运到济南。

虽然《济南百咏》中的这4首竹枝词，是反映明代丙辰年间遇到的天灾人祸所导致的济南四周的情况，东部无麦可供，西部有米特贵，南部有柴不能砍伐，北部赶上干旱也无菜可食的状况。但济南旧时北部地区盛产蔬菜却是事实。由于出产的蔬菜种类较多，在此不一一列举。常见的菜肴则有"虾籽炝茭白""水晶藕""锅贴蒲菜""猪肉炒蒲菜""糯米藕""蜜腊莲子"等。特别值得一提的是现在济南流行的"酥锅"，所用的白菜、猪肉、鲫鱼、莲藕都是来自济南北部。而所用的酱油、洛口醋都是来自洛口当地，即便是白糖也是洛口码头的商运物品。

这里，要着重强调的是，洛口菜有一个调味特色，就是善于用醋调味，而且必须使用洛口醋。这是为什么呢？济南黄河及其周边的水产鱼虾等，由于黄河下游浓重的泥浆水质，所出产的鱼虾等水产品具有浓重的泥土腥味，而非洛口醋不足以化解。所以，无论是"糖醋黄河鲤鱼""醋烹小白鱼"还是"大酥锅""香酥鲫鱼"之类，都必须使用济南洛口出产的米醋进行调味。

记得前几年有人问过笔者，为什么现在的济南"酥锅"没有以前的味道正宗？笔者回答说，因为现在使用的不是济南北园出产的大白菜，发制海带用的不是真正的泉水，使用的莲藕也不是济南北园的特产，尤其是使用的酱油、香醋不是洛口的特产。因此，我们今天再也吃不到正宗味道的济南"酥锅"了。

第三，动物肉类的菜肴则是以地方出产的家禽家畜为主，并且保持传统的农家风格。猪、羊、鸡、鸭等家畜家禽是中国各地传统的肉食来源，而且每一个地方都

---

❶ 雷梦水，潘超，孙忠铨，等.《中华竹枝词》（四）. 北京：北京古籍出版社，1997年，第2421—2422页。

有适合本地区生长的特色物种。旧时生活在济南黄河码头及其周边地区，则有当地的黑猪，以及吃着北园水草种子与水里的小鱼虾长大的鸡鸭等。在洛口的饭庄、酒楼中，大多以本地的家禽家畜为主要肉食菜肴的食材，许多烹调方法也是来自于农家民间的制作方法。常见的鸡鸭、猪羊的制作以烧、焖、炖、扒见长。如当时规模较小的"路氏福泉居"就以制作供应"黄焖鸡"配米饭而赢得客人的青睐。还有一些以加工售卖"酱肉""扒蹄"的专门店铺，这都是以体现洛口当地物产见长的食馔，加上早期农家特色的烹调方法。但后来随着商业的发达，各饭庄、酒楼的烹调水平也在不断提升，爆炒类的菜肴也纷纷出现在洛口的饭馆、酒楼中。但真正使洛口菜烹调水平得以提升的是洛口大量的商家搬迁到济南市区以后。

在一个和济南市区比较起来规模较小、但商贸活跃的洛口古镇而言，更多还是一些以制作售卖单品食馔、小吃、糕点的店铺见多。如当时略有些名气的糕点铺"奎盛号"，就以历史悠久、制作精美的小食品如桂花枣果、长寿糕而闻名。现在济南著名的老字号"草包包子"，早年间也是从洛口发展起来的，后来洛口衰落又搬迁到济南市区内，技艺传承至今。

以流传至今的"草包包子"为例，早期的制作大抵以民间包子风格见长，后来随着餐饮食材的需要，当时的店铺主要经营者选用当地优质的肥瘦相间的黑猪猪肉，切成小丁后，用洛口酱油、香醋、小磨香油等浸渍酿馅，以传统的"面肥"制作成发酵面团，包子皮要捏制成菊花顶样。成品的"草包包子"馅厚、汁多、鲜嫩，融酱香、肉香于一体，味美可口，成为具有济南特色的美食之一。

（三）兼具洛口地域特色与商埠服务灵活多变的文化特征

济南的洛口古镇是一个以农耕文化背景融合河运商业文化的传统古津码头。我们姑且不去探讨洛口古镇的宏观文化特征，仅以餐饮服务业而言，在长期为来自天南地北客人服务的过程中，必然形成灵活多变的文化特征。这主要取决于服务行业的特性——客人满意。

齐鲁自古以来深受儒家文化的影响，有着较强的"重农轻商"的观念。然而，河运商埠背景的洛口古镇，自然会受到商业文化的影响，至少要以山东人厚重、诚实的风格迎接来自四方的客商。于是，洛口的餐饮行业首先以地方特产烹饪的菜肴招待客人，所以供应客人的美馔佳肴大抵都运用出产于当地的特色食材，包括黄河淡水特产、洛口本地食物特产，以及沿黄河、小清河流域沿岸的特产。这些地方特产食材的应用，不仅奠定了洛口风味菜肴的基础，也成为传播鲁菜文化的重要部分，并成为济南风味鲁菜不可或缺的风味流派，有许多菜肴，至今流传不殆，甚至历久弥新，成为鲁菜的代表性菜品。

商埠码头，四方货物麇集，成为济南旧时重要的货物进出的集散地，沟通南北，疏通东西。仅根据《1927济南快览》记载的旧时来往的船只情况，可见一斑。《1927济南快览》第四章第四节记录"轿车及帆船"情况时说：

> 帆船形式大小不一，行于沿海各口者多为大船，行于黄河或小清河内者多为小船或两截之长形船，因河岸窄狭故也。黄河自华口以东至泺口间，减水时平均不过六尺内外，夏季雨期，恒在十五六尺左右，可由泺口上溯两千里以上，而与京汉线接，故为帆船之重要水路。然自阴历十月底即冰，至翌年二月方开，不似小清河之经年不冻也。因河道淤窄，近始浚之。将来若能行驶轮船，则可自羊角沟出海以与海外交通矣。近则沿县之民，专恃帆船以为转运，船价则以日计。千石之船，三四人行驶，日需洋四元左右。然贵重之货，恒不用此，盖恐有路劫之虞。平常运输多为粮食或木料及炭块等，以之出人也。输人之货，可直抵西关外之东流水，故渺笔及之❶。

由此可见，济南旧时洛口连接的商船，"可由泺口上溯两千里以上，而与京汉线接，故为帆船之重要水路。"而疏通的小清河，"则可自羊角沟出海以与海外交通矣。"可以毫不夸张地认为，在济南没有近代铁路通车以前，洛口商埠码头是最重要的商品转运、集散基地（图4-7和图4-8）。

图4-7 小清河码头

图4-8 繁忙的小清河航运

❶ 周传铭著.《1927济南快览》. 济南：齐鲁书社，2011年，第88页。

虽然洛口码头旧时以食盐转运为主要物资，但也不乏其他各色商品，其中包括大量的各地食材，如来自南方的米酒、火腿、荸荠、竹笋、白糖、香糟等。笔者的老家是胶东沿海，日常辅助性食品以海产和当地土特产为主，已经习以为常。但来到济南后发现，济南饭店烹饪的菜肴中有很多带有"南"字的食材、调味品，诸如南酒、南腿、南荠、南笋之类，还有一些不带有南字但也是来自于南方的食材，如玉兰片、香糟等。之所以会形成这样的局面，在了解了济南洛口的历史之后便豁然开朗。旧时洛口码头所承担的南北物资交流的地位由此可见一斑。于是，包括洛口风味菜在内的济南鲁菜就有了南北食材融合兼容的特征。为了增加菜肴的风味，实际上也是为了适应包括南方客商在内广大客人的需求，菜肴中使用了大量的外地食材，包括辅助性食材和调味品等。这种灵活多变的菜肴风格，自然是受到了商业文化的影响无疑。而这恰恰就是洛口风味菜肴的文化特征之一，甚至因此影响了济南风味鲁菜的完善与发展。

 ## 第三节 洛口风味菜案例

如前所述，济南"杨铭宇黄焖鸡"的餐饮品牌，是在传承祖辈于洛口古镇经营"路氏福泉居"餐馆的烹饪技艺创新发展而来的。"路氏福泉居"经历了清末洛口古镇创始开店，后搬迁至济南铁路大厂附近继续经营，直到1953年公私合营并入"泰丰园"，还在延续一些洛口风味菜肴的经营。后来，"杨铭宇黄焖鸡"品牌创始人杨晓路于2003年在济南商埠老街恢复"路氏福泉居"老字号经营，继续传承了"路氏福泉居"的经营特色，包括"黄焖鸡"等传统菜肴的制作销售，直到因济南旧商埠街区改造歇业为止。期间仍然保留了一些洛口风味菜肴，不过在技艺和食材应用上有一定的改进。下面介绍几款洛口风味菜肴。

 ### （一）虾子茭白

1. 菜肴简介

虾子茭白是一道风味特色明显带有洛口地方风格的鲁菜代表菜肴。所用茭白旧时出产于洛口当地，具有粗大、肥厚、细嫩、清鲜等特点，虾子则是来自南方著名淡水湖泊所产的名品。将地方特产的茭白与外来特色食材的虾子相结合，运用富有鲁菜特色"清炒"以及"滚刀块"的处理方法烹制而成，既充分显示出了浓郁的济南风味鲁菜特征，又把洛口码头交流融合、兼容

图4-9 虾子茭白

并蓄的特点表现了出来。此菜旧时属于一款应季应时的风味菜肴，堪称宴席、小酌时的佳品，如图4-9所示。

2．制作方法

首先把虾子淘洗干净控净水分，把茭白的外皮剥去仅保留白色细腻的嫩茎，如图4-10所示。

之后，用传统鲁菜的"滚刀法"把茭白切成滚刀块。鲁菜所谓的"滚刀块"，就是用刀斜切连续滚动食材，使之成为大小基本相同、形状大致相当的不规则的块料形状，如图4-11所示。

图4-10 剥去茭白外皮

图4-11 茭白切成滚刀块

把切好的茭白放入沸水锅"焯水",除去异味与酸性、涩性物质,捞出控净水分,如图4-12所示。

图4-12　茭白焯水

锅内加入少量植物油,烧热,用葱米、蒜末爆香,加入虾子略炒香,再加入茭白块及其他调味品,旺火翻炒至成熟即可,如图4-13和图4-14所示。

图4-13　爆锅炒虾子

图4-14　出锅前翻炒

 黄焖甲鱼

1. 菜肴简介

在济南传统菜肴里(老菜谱记录),淡水鱼的制作种类有很多,但不见"黄焖甲鱼"。

"黄焖甲鱼"的制作工艺相对于"黄焖鸡"要复杂一些。鱼要经过油炸处理,然后用面酱等炒成汤汁,一起放在砂锅中,再炒糖色倒入砂锅中,在砂锅中煨炖2个小时,再用原汤汁勾芡浇入鱼上即成。

黄焖的技法来自山东民间,"黄焖甲鱼"的菜肴制作几乎流行于从济南洛口以下小清河流域至桓台马踏湖地区沿岸民间。虽然都是黄焖,但颜色上略有区别,洛口风味的"黄焖甲鱼"色泽要略微重一些,这也是济南风味菜的风格。黄焖甲鱼如图4-15所示。

图4-15 黄焖甲鱼

2.制作方法

活甲鱼1只,1000克左右,洗去表皮黏液,投入开水勺内烫透表面。取出控净水,将甲鱼外皮擘净,如图4-16和图4-17所示。

图4-16 沸水烫透甲鱼表面

图4-17 擘去甲鱼外皮

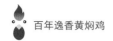

然后将甲鱼头、背甲完整取下来，把背甲切成四大块，再把带骨甲鱼肉用刀剁成大小均匀的方块，一起投入开水勺内焯水处理，捞出控净水分，如图4-18和图4-19所示。

图4-18　甲鱼剁块

图4-19　甲鱼焯水处理

将少量植物油（传统用猪大油）在锅内烧至六成热时，放入白糖，炒至呈紫红色时，加入面酱略炒，再加入葱段、姜片、酱油、料酒、白糖、清汤、甲鱼块等，旺火烧开，再改用小火将甲鱼焖煨至汤汁将尽时收火，如图4-20所示。

图4-20　成熟至汤汁将尽

把成熟的菜肴盛出装入大盘内，盛装时先把鱼肉盛放盘底，头部和背甲按照一个完整的甲鱼形状摆好，余汁浇在上面即成。

酥锅（原名酥菜）

1. 菜肴简介

济南人现在所说的"酥锅"，有可能是源于民间的称谓，抑或是受到博山菜"酥锅"的影响。但实际上，传统的济南菜谱中，20世纪80年代以前的老菜谱，一律叫作"酥菜"，但在20世纪70年代《博山菜谱》里有"酥鱼（锅）" ❶ 的记录。有人说，济南的"酥锅"源于博山，因为博山历史上有生产陶瓷锅具和窑工用陶锅做饭的事实，但没有资料证明这一点。而事实上，济南的"酥菜"制作自有其发展历史，济南周边自古以来也是粗陶器具的生产地，制作济南"酥菜"所用的调味品皆来自济南本地的洛口，而大白菜、藕、鲫鱼等也是洛口地区的原产，白糖、海带则是通过洛口货运商贸所得，同时济南人的口味趋于浓重。所以，济南"酥菜"应该源于济南周边的民间。据老一代厨师所讲，旧时大饭店没有制作"酥菜"的习惯，都是一些风味小店铺，而年节几乎家家户户都有制作，风味各有不同。济南风味的"酥菜"有可能源于洛口古镇，因为这里是洛口醋、酱油、莲藕、鲫鱼、大白菜以及陶锅的产地，海带、白糖也是从洛口码头运输而来，具备了制作济南"酥菜"的所有条件。济南"酥菜"旧时是冬季的传统菜肴，一锅"酥菜"，虽然味道相同，但因不同的食材融为一体，各有风味。酥鲫鱼、酥海带、酥肉、酥豆腐、酥藕、酥鸡蛋、酥鸡等，形色不同，各有特色。而且，济南"酥菜"可以热食，可以冷食，下饭侑酒皆可，所以成为济南家家户户年节必备的食馔，味道咸酸甜香融合，成品一菜多样，形色各异，软烂酥香，味美爽口，如图4-21所示。

图4-21　济南酥菜

---

❶ 博山饮食. 内部资料. 淄博：[出版者不详]，2013年，第182页。

2．制作方法

准备原料，猪大骨、白菜、水发海带、莲藕、鲫鱼、炸豆腐、猪肉、鸡等皆可。将以上准备好的原料一一处理、洗净，海带中间夹上肥肉条卷成卷捆好。将备好的原料依次按白菜、猪大骨、鲫鱼、海带卷、炸豆腐、莲藕、鸡、猪肉层层摆好，如图4-22～图4-24所示。

图4-22　白菜垫底

图4-23　食材装入锅内

图4-24　猪肉、鸡放在上面

把洛口老陈醋、老酱油、白糖按照1：1：1的比例配好，倒入锅内，以八分满为限。因为加热时白菜、莲藕等有水分析出，故调味料不能加得太满，如图4-25所示。

图4-25　加入调味料

最后，用白菜叶覆盖，加盖密封好，放入焖炉上，先用旺火烧开，再改用文火焖制6个小时以上，至各种食材熟透酥软，锅内汤汁浓稠即可。冷却后，依次取出改刀，装入盘中即成，如图4-26所示。

图4-26 酥菜

 糖醋黄河鲤鱼

1. 菜肴简介

从某种意义上来说，"糖醋鲤鱼"是济南风味鲁菜中最具有影响力的菜品了，而这款著名的菜肴从起源到传播发展都与黄河、洛口有着密切的关系。清代咸丰以来，黄河改道夺大清河水道流经山东入海，其中济南成为重要的河段之一。济南城北临黄河，洛口古镇成为河运津口和商业码头。而黄河中所产之鲤鱼，自古以来为人称道，不仅体大肥美，而且口与鳍为淡红色，两侧鱼鳞具有金黄色的光泽，腹部淡黄色，尾鳍鲜红，整体鲜艳美丽，肉味纯正，鲜嫩肥美，是鲤鱼中的珍品。济南位居黄河下游，河水流到济南河段已经非常浑浊，污泥沙石相伴而下，这影响到了黄河鲤鱼的品质，且带有浓重的泥腥气味，体色也不如黄河中上游的美观。但尽管如此，黄河流域所出产的鲤鱼依然是最上乘的食材。济南洛口旧时有大量的米醋出产，又有来自商运码头的上等白糖，恰巧米醋与白糖都是去除鱼腥、化解泥土异味的优质调味料。于是，在充满聪明才智的济南厨师手里，来自黄河的鲤鱼就变成了美味的"糖醋鲤鱼"。旧时，洛口风味的"糖醋鲤鱼"以黄河鲤鱼为最佳。而在济南城里，则以济南百年老店"汇泉楼"饭庄（原江家池）活养的鲤鱼著称。据已故去的老师傅说，济南的"糖醋鲤鱼"旧时有三种加工方法，也可以称为流派。一是济南老城里的历下风味，炸鱼时用的是全蛋糊；二是洛口古镇的码头风味，炸鱼时用的是干粉糊；三是来自济南东部遥墙镇的民间风味，炸鱼时用的是水粉糊。后来，随着洛口古镇商业的衰落，一些餐馆迁到了济南城里或是商埠区域内，而

1949年前后，济南遥墙一带的厨师也大量涌进济南市区开饭店或打工，使几种风味的"糖醋鲤鱼"逐渐融合，形成了现在的风格。旧时，饭店、餐馆里烹饪和食用"糖醋鲤鱼"是有讲究的。

首先，正规、有规模的饭庄、饭店，制作"糖醋鲤鱼"大多采用"吊汁"，就是一边炸制鱼，同时一边炒制糖醋汁，鱼与汁要同时出锅保持烫热状态，服务员将鱼盘落桌时，当着客人的面快速浇入糖醋汁，两种食材均有较高的温度，两种热气相碰撞，就会发出"嗞啦嗞啦"的响声，悦耳悦目。现在的饭店、酒楼已经很少"吊汁"上桌了。之后，在糖醋鲤鱼几乎吃完仅剩下鱼头、骨架的时候，酒店的服务员还会把剩余部分拿到厨房，免费为客人制作一道"酸辣鱼汤"，俗称"呃个汤"，浓醋之酸香，重用胡椒之辣香，融合在一起是酒后振食、醒酒的最佳之选。

其次，传统的"糖醋鲤鱼"是平放在鱼盘中的，炸制时也是自然放平的。而且鱼的摆放有"头朝左，肚对客"的讲究，所以鲤鱼是平放的。后来由于"糖醋鲤鱼"是济南民间传统宴会的必备菜肴，厨师为了讨吉利和口彩，就逐渐把鱼炸制成为头尾两端上翘的形状，并借用"鲤鱼跳龙门"的民间故事，赋予婚宴、升迁宴、弥月宴等美好的寓意。尤其是随着近几十年来高考学生"谢师宴"的兴起，"糖醋鲤鱼"在济南宴席中的应用日益广泛，而且受到食客的欢迎。至今，"糖醋黄河鲤鱼"已经成为鲁菜最具有影响力的代表菜肴之一了，如图4-27所示。

图4-27 糖醋黄河鲤鱼

2．制作方法

把活鲤鱼宰杀，去除鳞、鳃和内脏，洗净。去内脏时可以从鱼的腹处下刀，将内脏一并取出，摘净鱼腹内的黑色筋膜。在鱼身两面依此打上牡丹花刀，刀距要保持一致。然后用食盐、葱、姜、蒜略腌渍，如图4-28和图4-29所示。

图4-28　打上牡丹花刀

图4-29　腌渍

用湿淀粉加少许面粉调制成水粉糊。然后一手持鱼尾处，一手把鱼身均匀挂上水粉糊，包括鱼的每一个刀口处。锅内加入足量植物油，烧至八九成热时，双手分别持头尾，将挂过糊的鲤鱼呈弯曲状慢慢浸入油锅中炸至定型后，再把整个鱼放入油锅内，炸至鱼肉酥脆呈金黄色，捞出控净油，如图4-30～图4-32所示。

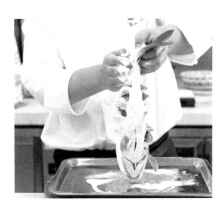

图4-30　挂水粉糊

图4-31　入锅炸制

图4-32　捞出控油

另在锅内加入少量植物油烧热，加入葱姜米爆香，加入洛口醋、白糖炒溶化，加入清汤烧开，用湿淀粉勾成浓芡，再加入半勺植物油烧至发泡。

最后，把炸好控净油的鲤鱼，按照头尾上翘的方向摆入鱼盘中，再把炒制好的糖醋汁均匀浇在鱼身上即可，如图4-33所示。

图4-33　浇入汤汁

 红烧瓦块鱼

1．菜肴简介

洛口风味的"红烧瓦块鱼"始于什么年代已经无法考究，如前所述，也可能通过大清河即后来的黄河随船运由河南厨师传至济南，抑或是受到黄河上游河南菜的影响。但有一点是需要说明的，以鲁菜为代表北方的"红烧"技法与南方略有不同，主要体现在糖的使用量上，有南重北轻的区别，如湖北的"红烧瓦块鱼"口味就偏甜一些。不过，在早期的鲁菜菜谱中，记录"红烧瓦块鱼"的并不多见，目前发现的较早记录"红烧瓦块鱼"的是博山饮食服务公司1960年油印版的《烹调教材》，但其操作方法与通常流行的不同，下文有详细介绍。洛口风味的"红烧瓦块鱼"保持了鲁菜的红亮、咸鲜略甜的特点，如图4-34所示。

图4-34　红烧瓦块鱼

2．制作方法

把经过宰杀、去鳞、去内脏洗涤干净的青鱼，用刀截去头尾，保留中段。用刀从鱼骨处切入，剔出骨刺呈两片鱼肉，在鱼肉皮面均匀打上刀深约肉厚三分之二的"瓦刀"，如图4-35和图4-36所示。

图4-35 剔除骨刺

图4-36 打上瓦刀

将打上瓦刀的鱼肉用葱段、姜片、酱油等抹匀略腌渍，然后拣去葱姜，两面撒上干淀粉，而且要顺着刀口抹匀干淀粉，如图4-37和图4-38所示。

图4-37 鱼肉腌渍

图4-38 挂匀干淀粉

把沾匀干淀粉的鱼段逆刀口方向入热油锅中炸至金黄色，捞出控净油，如图4-39和图4-40所示。

图4-39 入油炸制

图4-40 捞出控净油

然后，锅内加入少量植物油，烧热后加入白糖炒至红黄色，加入葱、姜、花椒、八角、醋、酱油、清汤，加入鱼肉，旺火烧开，再用小火烧煨至汤汁将尽时，取出鱼装盘，除去汤汁中的配料，均匀地浇在鱼肉上即成。

附：博山饮食·红烧瓦块鱼[1]。

在《博山饮食》一书中，记录有"红烧瓦块鱼"的菜肴制作技术。该书初稿于1966年编写，1973年修改后重新印刷。其中收录的"红烧瓦块鱼"与我们前面介绍的洛口风味菜"红烧瓦块鱼"技法有所不同。主要区别在于鱼肉的形状上，洛口风味是用完整的鱼肉中段，肉身上打上瓦刀块。而《博山饮食》记载的却是把鱼肉中段切成大斜刀片，不挂糊，仅用酱油调色，经过油炸熟透后，捞出控净油，再用刀切成长条片，然后调制烧汁烧煨而成。2013年《博山饮食》书影如图4-41所示。

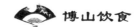

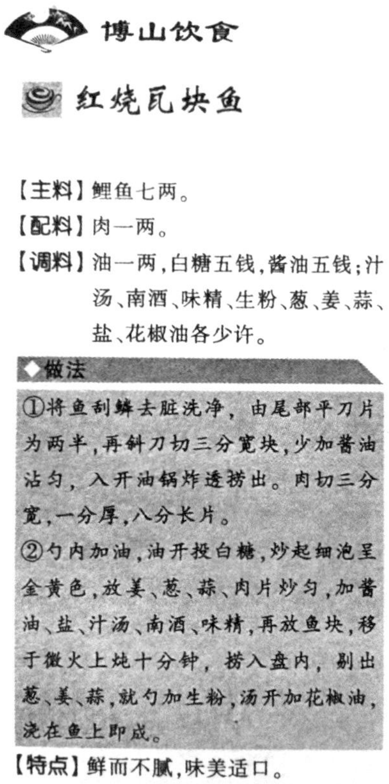

【主料】鲤鱼七两。

【配料】肉一两。

【调料】油一两，白糖五钱，酱油五钱；汁汤、南酒、味精、生粉、葱、姜、蒜、盐、花椒油各少许。

◆做法

①将鱼刮鳞去脏洗净，由尾部平刀片为两半，再斜刀切三分宽块，少加酱油沾匀，入开油锅炸透捞出。肉切三分宽，一分厚，八分长片。
②勺内加油，油开投白糖，炒起细泡呈金黄色，放姜、葱、蒜、肉片炒匀，加酱油、盐、汁汤、南酒、味精，再放鱼块，移于微火上炖十分钟，捞入盘内，剔出葱、姜、蒜，就勺加生粉，汤开加花椒油，浇在鱼上即成。

【特点】鲜而不腻，味美适口。

图4-41　2013年《博山饮食》书影

（六）酿荷包鲫鱼

1. 菜肴简介

酿荷包鲫鱼是济南风味中富有代表性的传统鲁菜名馔，在许多部早期的鲁菜菜谱、济南菜谱中都有记录，由于技艺特色独到而被传承至今。但因为此菜的工艺要求较高，且费工费时，现在少有制作。旧时"酿荷包鲫鱼"所用的鲫鱼大多来自黄河及其济南北部水域所产，因而可以认为是洛口风味的特色菜品之一。电影、电视剧中的"灌汤黄鱼"就是根据酿荷包鲫鱼的技艺创意而来。成品"酿荷包鲫鱼"鱼形完整饱满，体内融合八仙馅料，鲜美无比，是一道难得的工艺性较高的鲁菜佳肴，如图4-42所示。

---

❶ 博山饮食. 内部资料. 淄博：[出版者不详]，2013年，第142页。

图4-42 酿荷包鲫鱼

2．制作方法

选用体形大而丰腴的新鲜鲫鱼，去净鳞、鳍后，洗净揾干水分，用刀从鱼的脊背处下刀，刀深入头腹部，剔除脊背骨刺，然后在鱼体两面打上斜刀纹，如图4-43和图4-44所示。

图4-43 用刀从鱼的脊背处下刀

图4-44 在鱼体两面打上斜刀纹

将猪肉、虾肉、香菇、鸡肉、鲜笋、海参、鲍鱼、干贝等，加工成细小颗粒，混合在一起，加入调味料，搅拌制成八宝馅料。馅料可以根据具体食材情况灵活选用。讲究的馅料以八宝鲜料为佳，其他如猪肉馅、羊肉馅、三鲜馅等均可以。本菜例选用的是猪肉、虾肉、香菇、鲜笋等调制而成的馅料，如图4-45所示。

图4-45　调制馅料

然后，把调好的馅料装入鱼腹中，鱼腹略微鼓起，像古代的"荷包"，鱼脊背开口处用牙签别住，但要保持原有完整的鲫鱼形态。再用鸡蛋、水淀粉、面粉调制成面糊，抹匀鱼的全身，如图4-46和图4-47所示。

图4-46　装馅料入鱼腹

图4-47　沾匀面糊

将挂匀面糊的鱼放入热油锅里炸至鱼体挺硬，色泽淡黄色时，捞出控净油，如图4-48所示。

图4-48　油炸荷包鱼

将清汤、无色调味料加入锅内，加入炸好的荷包鱼，小火略煨熟透。盛出装入盘内，将汤汁浇在鱼身上即可。可用葱丝、青菜叶等略加点缀。

食用时可用筷子挑开鱼腹，鱼肉与馅料同食，如图4-49所示。

图4-49 挑开鱼腹

附：旧《济南菜谱》(第一集)记录的"酿荷包鲫鱼"原文：

酿荷包鲫鱼

（一）原料

鲫鱼一条（一斤半），肥瘦猪肉二两，火腿三钱，水发海参一钱，水发玉兰片一钱，水发鱼肚一钱，水发冬菇一个，口蘑二个，青豆十粒，植物油一斤半（耗二两），猪油一两三钱，清汤十二两，南酒八钱，白糖二钱，葱末三钱，姜末一钱，味精三钱，葱椒泥一钱，明油三钱，深色酱油一两四钱。

（二）制作方法

1. 将鲫鱼去鳞，挖去两鳃，再在鱼脊背上开膛，取出五脏，用清水洗净。将猪肉、火腿、海参、玉兰片、鱼肚、冬菇、口蘑均切成豆粒大小的块用水汆过，用深色酱油四钱、葱椒泥、南酒一钱、味精一钱半、葱末二钱、姜末五分、猪油三钱拌好，装入鱼腹内，用竹扦将鱼脊背刀口别住。

2. 将植物油烧至八成热时，将鱼下勺炸六分钟捞出。另用猪油一两，烧至八成热时，放入葱末一钱、姜末五分、深色酱油一两、清汤、味精一钱半、南酒七钱、白糖，随即将鱼放入勺内，沸后用微火煨燶，燶至汤去一半时，将鱼捞出，放至盘内。再将明油放入汤内拌匀后浇在鱼上即成。

（三）特点

此菜颜色红润，鱼鲜味美，别有风味❶。

这是一款典型的八宝馅料的"酿荷包鲫鱼"，也可以叫作"酿八宝荷包鲫鱼"，是此类菜肴中佼佼者。另外，还可以不在鱼的脊背处开口，而是直接从鱼的嘴口处，用一双筷子插入鱼腹中，通过搅动筷子把鱼的内脏取出来，洗净后从口中装入馅料即可。但这一做法的缺点是脊背处的骨刺没有被剔除，食用时要多加注意。

〈七〉 荷香肘子

1. 菜肴简介

"荷香肘子"近乎一道创新的洛口风味菜，它是在传统"红烧肘子"的基础上，把肘子经过入味、上色处理后，用荷叶包裹再进行烧焖而成的菜肴。也许旧时济南周边民间年节制作肘子的时候有加入荷叶增香的方法，但像"荷香肘子"类似的菜肴制作无疑是在条件较好的大饭店里完成的。济南传统菜肴一向追求味厚、色深、咸鲜的风格，这道"荷香肘子"堪称是传统济南风味菜肴的代表，而且荷叶的应用又增添了几分乡野的风味在里面，符合洛口风味菜的特征，如图4-50所示。

图4-50 荷香肘子

---

❶ 济南市饮食公司.《济南菜谱》（第一集）.济南：济南市饮食公司编印.

2．制作方法

选用带骨带皮猪前肘，截取肘弯部肉质肥厚的部分，用喷火枪将猪肘子外皮上的毛囊烧尽（旧时用火烙铁），放入开水中略浸泡，用刀刮去、清理皮面上烧黑的部分，然后清洗干净，搌干水分，如图4-51和图4-52所示。

图4-51　用喷火枪烧尽毛囊

图4-52　刮削处理

把初步清理干净的猪肘子放入开水锅里煮沸，冒去污物、血渍等，捞出控干水分。把猪肘子放入大盆中，加入葱、姜、老酱油腌渍片刻，主要是为了猪肘皮层着色，如图4-53和图4-54所示。

图4-53　冒水处理

图4-54　腌渍处理

把腌渍过的猪肘子放入热油锅中过油处理，炸至猪肘坚挺呈酱红色时，捞出控净油。取用水浸泡回软的荷叶，把炸过的猪肘子包裹起来，用麻线捆好，如图4-55～图4-57所示。

图4-55　猪肘过油

图4-56　荷叶包裹猪肘

图4-57　用麻线捆扎

另在锅中加入少量植物油，加入白糖炒至深红色时，加入葱段、姜片爆香，再加入酱油、白糖、食盐、香料包、水等，加入荷叶包好的猪肘子，大火烧开后，撇去浮沫，改用小火烧煨至汤汁剩余三分之一，肘子熟烂浓香馥郁时，取出肘子，去除麻线，将荷叶垫底，肘子放在上面，摆放大盘中。锅内余汁滤出料包等，烧开后用湿淀粉勾芡，趁热浇在肘子上即可，如图4-58所示。

图4-58　入汤锅烧煨

八 奶汤蒲菜

1．菜肴简介

奶汤蒲菜是济南代表性的传统名菜之一。出产于大明湖的蒲菜，是济南的美蔬，早已驰名国内，济南人爱吃蒲菜的习俗也由来已久。《1927济南快览》一书中记有："大明湖之蒲菜，其形似茭，遍植湖中，为北方数省植物菜类之珍品[1]。"《山东通志·物产》称蒲菜为"蒲笋"，是济南人"日用蔬菜"之常品。蒲菜的吃法有多种，可炝、可奶汤煮制、可锅熠等，也可配以肉、虾等制馅，制作烫面饺、水饺等。但晚近以来，大明湖水域逐渐减少，并且成为城内湖，已经没有大明湖蒲菜出产，而更多的是来自于济南北部各水域的蒲菜，其水系与大明湖同出一脉，所产蒲菜可与大明湖媲美。所以，现在的"奶汤蒲菜"是以素有"北菜"的济南北部所产鲜蒲菜为主料，运用济南特色的奶汤煮制而成，为典型的夏季时令佳肴。成菜汤色乳白，蒲菜脆嫩丝滑，味道鲜醇丰美。济南的奶汤有两种做法：一种是用猪大骨熬制的乳白色的高级鲜汤；另一种是济南民间传统用猪大油炒白面粉熬制而成的汤。洛口风味的"奶汤蒲菜"是传承济南民间奶汤的技艺，如图4-59所示。

图4-59　奶汤蒲菜

2．制作方法

制作奶汤蒲菜的主要用料包括蒲菜、香菇、黄鸡蛋糕、火腿、油菜心等。新鲜蒲菜剥去外皮，选取中间脆嫩的茎部，用刀切成约3厘米长的寸段，如图4-60和图4-61所示。

---

[1] 周传铭.《1927济南快览》，济南：齐鲁书社，2011年，第12页。

图4-60 蒲菜及配料

图4-61 蒲菜切成段

然后把各种配料依次切成条或片，改成与蒲菜长短大致相同的条或片。先把蒲菜放入开水锅中"焯水"，捞出控净水，再把其他配料一起放入沸水锅里焯水，捞出控净水备用，如图4-62和图4-63所示。

图4-62 水发香菇片

图4-63 焯水处理

之后，锅内加入适量猪油、白面粉，用文火一起炒散至发散出香味，冲入热的清汤，然后加入蒲菜及其他配料、调料，烧开后撇去浮沫，盛入大汤盆中即可。

 炸藕盒

1. 菜肴简介

"炸藕盒"是济南民间传统的风味菜肴之一。济南大明湖及其济南北部广大的水域盛产莲藕，为此菜的制作提供了优质的食材。俗话说："大明湖有三大特产，莲藕、蒲菜和茭白。"但那实际上都是旧时的事情，现在济南所食用的莲藕、蒲菜和茭白皆来自于济南的北部地区，包括广泛意义的洛口、北园、遥墙等地。济南所产莲藕较之南方的粉藕含淀粉量要低得多，性质比较脆嫩多汁，但又不同于马踏湖的藕含有过高的水分而缺少淀粉含量。因此，藕是制作济南"酥菜"（现在习惯称为"酥锅"）、炸食类菜肴的最佳食材。长期生活在济南及其周边地区的人们，根据多年的生活经验，每逢年节几乎家家户户都有炸制"藕盒"的习惯，口味丰富多样，成为济南著名的风味菜肴之一，如图4-64所示。

图4-64　炸藕盒

2．制作方法

"炸藕盒"表面上看似乎很简单，但实际上加工工艺是比较讲究的，主要有四大技术环节要掌握好。

首先，是调制藕盒的馅料。炸制藕盒的馅料是多种多样的，可以根据不同的季节、不同的条件、不同的成本、不同的价位、不同的嗜好进行调制。常见的有猪肉馅，以猪肉为主再配合一些素料调和而成。或是三鲜馅，用猪肉、虾肉、香菇等食材搭配而成。另外，调制馅料时还可以把藕两端修整下来的碎料剁碎掺和到馅料里边，做到合理利用原料，如图4-65所示。

图4-65　剁切馅料

传统的藕盒馅料是用刀逐一剁成细小的颗粒形状，加入适量的调味料调和而成。现在有用机器搅打的肉泥等，效果不如传统的方法，如图4-66所示。

图4-66　调制馅料

其次，是把嫩藕运用"夹刀法"切成合页形状，但要注意所选用的藕一定要上下粗细一致，运刀时尽量把藕夹切得厚薄均匀。然后，注意把肉馅嵌入藕夹中，保持馅料均匀，摆放于大盘内，如图4-67～图4-69所示。

图4-67　切割藕夹

图4-68　嵌入馅料

图4-69　藕盒生坯摆盘

最后，用湿淀粉、鸡蛋、面粉调制成全蛋粉糊，逐一将处理好的藕盒蘸匀蛋粉糊，下入九成热的油勺内，炸至呈金黄色成熟，捞出控净油摆盘，如图4-70～图4-72所示。

图4-70 藕盒挂糊

图4-71 入油锅炸制

图4-72 捞出控油

如果是在接待宾客的宴席上献上此菜时，可以用味碟盛新鲜的花椒盐跟菜上桌，供客人蘸食。

以上仅是选取了当年"路氏福泉居"及其后来搬迁、公私合营、再度恢复经营过程中所保留与创新的几款富有洛口风味的菜肴。洛口码头菜是一个有待于进一步挖掘、整理、研究、开发的风味体系，一旦条件允许，笔者将编辑出版完整的洛口码头风味菜谱。

第四节 济南商埠菜概说

 济南商埠沿革

本来，本书是整理总结济南市非物质文化遗产代表性名录"济南黄焖鸡"项目的专著。由于在研究黄焖鸡历史的过程中，牵引出与洛口码头风味菜有关的往事。事实上，明清时期的洛口，本就是一个商业重镇。晚清民国以来，黄河改道夺大清河流经济南，洛口成为黄河津口，和原来的洛口盐运码头进行了叠加，水道运输功

能依然强大，直到济青铁路开通之后的几十年间，洛口依然具有商业码头的地位。在这个意义上，洛口古镇在旧时代已经拥有商埠码头的全部意义。但这种商埠仅具有国内货物交流、转运的功能，与后世的商埠有一定的区别，此不赘述。但要研究济南商埠风味菜，以我们的视野与观念，洛口古镇所形成的商埠码头菜肴体系，应该是济南晚近以来商埠菜的源头。

不过，我们现在所要探讨的是晚近以来中国对外国人开放的，具有中西文化交流、中外货物互通功能、被政府批准认定的商业区域，即被人们称为的"开放口岸"或者说是"开埠码头"。这种商埠位于沿海港口的称为"海港码头"，位于内陆水道沿岸的称为"水陆码头"，而位于内陆铁路交通沿途的称为"旱码头"。

每每谈起近代中国对外开放的海港码头，大多数是在鸦片战争后，在西方列强的胁迫下，通过签订不平等的条约或协定，强迫中国开埠通商。在这样的背景下，在中国人的海港城市里，外国侨商、侨民享有行政权、税收权、司法权等特权，中国的主权受到了严重损害，这是中国的屈辱历史，国人须永远铭记。如山东胶东的烟台、青岛等就是如此"开放口岸"的商埠码头。近代西方国家正是通过这种不平等的胁迫行为打开了侵略中国的大门。与此同时，封闭落后的中国政府和商人在与外国进行的不平等的贸易活动中，也开阔了眼界，领略到了通商带来的益处。

因此，除以上背景下的"开放口岸"之外，从19世纪70年代起，清朝官府中的洋务派人物开始认识到开埠通商一事，即使在主权并不完整的中国，也是利弊相半的。对于开埠通商的肯定认识，在19世纪80年代得到了进一步发展。当时的有识之士多次论证，在列强环伺的局面下，中国只有主动开埠通商，才能挽回利权，进而促进国家富强。正是基于这样的认识，清政府的决策者们改变了保守的观念，制定了一些新的对策，从1898年到1902年间，清朝的大臣在地方官府的配合下，先后主动自拟开辟湖南的岳州、福建的三都澳、直隶的秦皇岛和福建的鼓浪屿4处为对外开放的商埠。由于自辟的商埠在对外贸易中效果明显，于是自辟对外开放的商埠逐渐成为清政府的一项国策。

清光绪二十九年（公元1903年），外务部批转了商约大臣吕海寰"大开商埠"的奏请，下令"各省督抚详细勘察，如有形势扼要、商贾荟萃，可以自开商埠之处，随时奏明办理。"清光绪三十年（公元1904年）初，德国在山东修筑的胶济铁路即将竣工，其势力必将藉铁路向山东内地渗透，中德之间一场激烈的利权争夺不可避免。在这种形势下，山东巡抚衙门致函清廷外务部，首次提出了自辟商埠的议案（图4-73）。外务部很快表态，秘密致函山东巡抚，同意山东自行开埠。

图4-73　济南开埠的奏折（局部）

　　山东巡抚衙门由于得到了清廷外务部的同意，于是就在胶济铁路正式通车前的一个月，北洋大臣兼直隶总督袁世凯、山东巡抚周馥联名上奏拟请在山东内地自开商埠。袁世凯、周馥在奏请书中称：胶济铁路已通至济南，津浦铁路又即将开通。济南作为铁路枢纽，又是黄河小清河水运码头，地势扼要，商贾转输便利，因而拟请在济南自开商埠。同时，因周村、潍县两地皆为胶济铁路必经之道，且胶关进口、济南输出商品皆须经过两地，因而拟将在两地同时开埠，以作为济南分关。对于袁世凯、周馥的奏请意见，清朝廷上谕外务部议奏。为此，外务部很快上折具奏，表示支持山东自开商埠，并在具奏中强调："泰西各国，最重商务，每多开辟口岸，以便彼此通商，而为主国者得以设关榷税，即于筹饷之道亦属有裨。"据此，清朝廷正式批准山东自开济南、周村、潍县三处为对外开放的商埠码头（图4-74）。所以，在周村商埠旧址保留的古商埠街上，至今还立有"旱码头"的石碑。

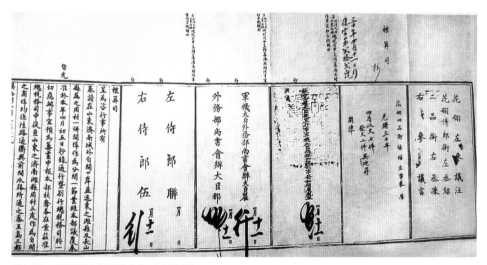

图4-74　清廷对济南开埠的批示（局部）

根据相关文献资料，山东三处自开商埠得到批准的时间是在清光绪三十一年，也就是公元1905年。自此以后，山东有关方面加紧开埠的准备工作。第一步是制定总体规划以指导商埠的筹办，首先在参照外地经验的基础上拟订了《济南商埠开办章程》，为商埠开办总体规划。其内容涉及开埠工作的各个方面，包括体现出维护主权，防范外人的思想等。《济南商埠开办章程》共涉及九个方面：一是商埠区域定界，划定了其时商埠的界址，东起馆驿街西首的十王殿，西至北大槐树村，南沿长清大街，北以胶济铁路为限，规划面积200多公顷；二是商业租用土地，规定商埠内土地将由官方购买转租；三是设置商埠管理官员，拟以"济东泰临道就近监督"，下设工程、巡警、发审三局，分别拥有行政、警察和司法方面的权力；四是建筑设施，要求房屋整洁，道路平坦，同时规定此项工作应陆续开展，区分轻重缓急；五是税捐，指出济南因是陆路商埠，暂不设官收税，以广招徕；六是经费项目，分为开办经费和常年经费两项，均奏请清廷拨专款解决；七是禁令，规定商埠内违法者各依照本国律例惩办；八是邮电，规定设立邮政、电报、电话等新式通信工具，但应严厉限制，不能由"外人"设立，强化主权意识；九是分埠，明确规定周村、潍县作为济南商埠的两个分埠。要求周村、潍县两处分埠，除了要遵循《济南商埠开办章程》的规定，各分埠还应根据其具体情况制定分埠章程以使遵守（图4-75）。在《济南商埠开办章程》制定后，山东当局又针对其中的租建及巡警问题，组织人员详细编写制定了《济南商埠租建章程》和《济南商埠巡警章程》。包括之前的《济南商埠开办章程》，总计三项章程，涉及行政、税收、司法、通信、基础设施建设、分埠和经费筹措等诸多事宜，内容具体、细致，为商埠的开办

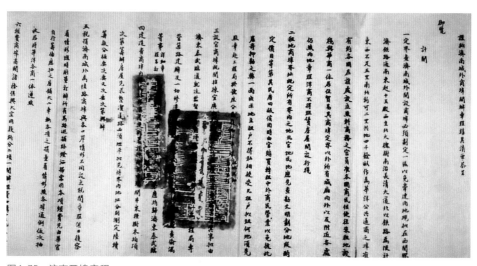

图4-75 济南开埠章程

提供了具体可行的操作方案。翌年初冬，济南商埠筹办告竣，正式开设为"华洋公共通商之埠"，并举行了隆重的开埠典礼。

济南商埠的开设适应了胶济铁路通车后给济南经济带来的巨大变化。到1910年，津浦铁路与胶济铁路相接，使济南的经济地位更加重要，成为华北主要商业中心之一。自济南开设商埠以后，城市人口在短期内大量增加。到1912年，济南城市人口已达到25万，较开埠前的14万人增长约64%。

自胶济、津浦两铁路相继通车，又因外城（圩子）的修建和开设商埠，济南市容有了很大的变化。原来的商业市镇洛口，逐渐衰弱，其商店也大多迁至商埠，从而使商埠代替了过去洛口的地位。济南城市人口增加，市场繁盛，使得原有的东、南、西三个城门行人拥挤，交通不便。尤其是面向商埠的西关，素来商业集中，"行旅市塞……尤为拥挤繁盛。"经历城城区地方自治议事会于1910年议呈抚部院批准，新辟西北、东南、东北、西南四门，使全城四通八达，交通方便（图4-76）。

图4-76 济南商埠街道图

商埠发展较城内更快。这首先表现为外国商业资本涌入，洋行林立、洋货充斥市场。外商洋行主要有德国的礼和洋行、哈利洋行、瑞记洋行、善全洋行、捷成洋行、顺和洋行；英国的亚细亚煤油公司；日本的日华公司、日华分公司、东

南公司书药局、东亚分公司分局、三好堂、华和公司、中华公司等。这些洋行行销的主要商品有煤油、烟草、棉布、石油、砂糖、洋火、纸、麻袋、木材、日用品等。除倾销商品外，还大量采购工业原料及农产品、手工业品，如小麦、棉花、落花生、花生油、大豆、豆油、生牛、牛皮、牛骨、猪毛、羊毛、麻、大麻籽油、草编、水果、丝、靛等，运至外地及国外。除洋行大宗经销外，华商也开办了许多小型洋货铺、西药房等，推销洋货。但随着大量价格便宜的洋货进入济南市场，对传统以手工业为主的民族企业与本地产品造成了很大的冲击，也曾出现过倒闭潮，但已非本文所要探讨的范围，故不论述。

总之，济南商埠的开设是出于中国政府的自愿，商埠区内虽然允许西方人和洋商与中国人并处，但一切权利统归中国政府掌握，外国人不得干预，而且还制定了严格的商埠章程，要求外国人与中国人一起遵守。所以济南商埠与帝国主义通过不平等条约而胁迫中国开设的某些口岸和商埠，有着本质的不同。济南在清朝政府的支持下，自开商埠是近代中国改革图强进程的创举，具有挽回利权、自强爱国的强烈民族色彩，又是山东地方当局为通盘筹划山东的近代化事业，努力发展山东经济所作的重大政策性调整。这一举措，奠定了在清末新政改革中已走在各省前面的山东的优势地位，也使济南经济近代化、城市化的步伐加快，促进了政治、文化及社会生活各方面的进步。

（二）济南商埠菜概略

如前所述，自从胶济、津浦两条铁路相继通车之后，又因外城（圩子）的修建和开设商埠，济南市容有了很大的变化。原来的商业市镇洛口，逐渐衰弱，其商店也大多迁至商埠，从而使商埠代替了过去洛口的地位。其中也包括服务于客商的旅馆、饭店、餐馆、小吃店铺、食品店铺等。这样的背景下，就使洛口风味菜肴完全转移并融入大济南的风味菜肴体系中。

所以说，某种意义上看，我们现在所称的"济南商埠菜"（也有称为"济南开埠菜"），它的源头应该追溯到久远的洛口古镇。仅从明清京杭大运河鼎盛时期算起，迄今也有四五百年的历史了。不过，这就是历史学家们需要研究的事情了。

所以，关于"济南商埠菜"的名称确切，还是"济南开埠菜"的名称妥当，也就不言而喻了。严格意义上，"济南商埠菜"是一个完整的菜肴体系概念，包括济南1904年对外自主开埠以前的商业发展历史及其以后的中外商贸经济互通的历史。而"济南开埠菜",仅仅是济南晚近以来自主对外开放,形成了中外商贸交流的历史。以此计算,"济南开埠菜"的历史不过120年,较之"济南商埠菜"的历史就相差太远了。所以,以"济南商埠菜"命名,是能够比较恰当地表达济南商业背景下所形成的风味菜肴体系。这样一来,"济南开埠菜"历史仅仅是"济南商埠菜"历史一个阶段性的发展时期,当然也是一个非常重要的发展阶段。可以这样说,在悠久的"济南商埠菜"发展历史过程中,"济南开埠菜"是促使"济南商埠菜"发生翻天覆地变化的关键因素,这是毋庸置疑的。

综上所述,"济南商埠菜"的概念已经清楚,无需多议。下面我们将从纵横两个维度来探讨"济南商埠菜"的构成。

1. 从时间维度看

按照以上论述,可以看出,"济南商埠菜"从发展的时序来看,自明清京杭大运河开通算起,应该有如下几个阶段发展连接而成。

第一个阶段,自明代京杭大运河开通,大运河连接济水(后来改称为"大清河"),至济南洛口码头,成为以盐运集散地为主要功能的商业重镇。这一段时间内,"济南商埠菜"随着南北盐运的流通、转运和大量商客的云集,首先形成了南北饮食文化交流的局面。正是在这一阶段,大量的南方食材、调味品出入洛口码头,并以济南为中心在周边地区广泛流行,这应该是形成济南风味菜肴配伍中多有南方食材应用的原因。直到今天,济南菜谱的记录中仍然有"南酒""南荠""南腿"等带有"南"字的名称存在,其影响之深远可想而知。类似的情况,在济宁风味菜和孔府菜中也是如此,原因是济宁明清年间是运河山东段中极其重要的商埠码头,当年地处曲阜的孔府,大量采购自南方的货品、食材也是由济宁的运河码头上岸后,再转运曲阜的。

第二个阶段,自清朝咸丰五年(公元1855年)黄河在河南兰考泛滥改道,夺大清河水道流经济南从山东入海,至清光绪三十年(公元1904年)济南被清廷批准为自主开埠截止(济南商埠真正完成开埠实际是在光绪三十一年,即公元1905年)。在这段时间由于胶济铁路尚未建成,大清河变成了黄河水道,洛口古镇也因此成为黄河津口与原来商埠码头融为一体的情况,并且随着济南小清河的开通,洛口在之前南北交流的基础上,又有了东西的交流,很多海产干货可以顺小清河运抵济南洛口。此一段时间,洛口依然保持着商埠码头的重要地位,而且连接了运河及黄河沿岸,以及小清河直至渤海湾羊角沟入海处沿岸。在菜肴制作上的明显之处,就是大

量的海产品及黄河中上游食材的大量使用。之前济南风味菜也有海味珍品的应用，但在数量上还是非常少。但在这之后，由于小清河可以直接连通海边，方便了许多海味食材的运输。这从清末小说《老残游记》《醒世姻缘传》的描述中可以看出端倪。

第三个阶段，济南自主开埠到中华人民共和国成立以前。胶济铁路的建成通车，为济南自主开埠创造了极其有利的条件，而不久后津浦铁路的建成，使济南成为国内少数几个能够通过铁路既连接南北，又能沟通东西（东至海港码头）的完全交通条件。济南商埠也因此得到了非常好的发展，许多外国公司、外国商客及各色人等涌入济南商埠，一时间带来了济南商埠经济的繁荣发展。与此同时，在商埠区域内随着人口的增多和外地客人的涌入，原有的餐饮服务业也得到了空前的发展。由于外国客商的进入，以适应外国客人就餐需求的"番菜馆""日式料理馆"等也陆续登场。新的食材，新的烹饪方法，以及新的就餐形式，为"济南商埠菜"带来了较好的学习、融合发展的机会，为"济南商埠菜"的发展提供了一个难得的天赐良机。如此一来，"济南商埠菜"几乎得到了翻天覆地的变化。表现在菜肴制作方面，食材的融合显而易见，诸如奶油、味精、咖喱、番茄酱的使用等。尽管在这方面的表现较之青岛风味菜差了许多，但发生的变化是非常明显的，包括一些西餐烹调技艺的借鉴。不过，由于济南带有明显的中庸、守旧、自我的文化特质，中华人民共和国成立以后，随着公私合营企业的发展，许多饭店、餐馆又慢慢恢复了旧有的状态。

第四个阶段，中华人民共和国成立以后至20世纪末。这一时期的"济南商埠菜"随着从农村到城镇的制度改革，特别是在餐饮企业实施公私合营的过程中，被逐渐淡化。而受20世纪五六十年代的"大锅菜""集体食堂"的影响，导致包括传统"济南商埠菜"在内的饮食服务行业处于停滞不前的状态，使很多包括"济南商埠菜"在内的传统饮食行业遭到了莫名的破坏，甚至连一些传统菜肴、老字号名店铺的名称都在"破四旧、立四新"的过程中被一扫而光。直到20世纪80年代进入改革开放以来，传统文化、传统技艺得到了逐步的恢复与传承，使被济南人忘却已久的"济南商埠菜"又重新出现在人们的视野中，甚至重开了"济南商埠菜""济南洛口菜""济南北园菜"等为名号的餐饮店铺，但依然没有引起社会的广泛重视。这期间，也有少数人对此作过一些初步的研究、挖掘整理和开发利用工作，但影响力不大。

第五个阶段，进入21世纪的新纪元至今，随着国家对保护和传承传统文化的日益重视，"济南商埠菜"得到了新生。济南老商埠街区的恢复建设，一些传统老字号饮食企业的恢复经营，地方政府组织专家学者对"洛口古镇研究"的成果，以及通过旅游规划支持古镇的发展等，都为"济南商埠菜""济南洛口菜"的研究发展注入了新的活力。特别是近几年来，从洛口走出来"草包包子"的兴旺发展，"杨铭宇黄焖鸡"品牌延续洛口老店"路氏福泉居"的命脉，尤其以山东凯瑞集团"贵满楼"推出的1904济南开埠菜的品牌经营获得了巨大的成功为标志，使"济南商埠菜"在新时代得到了新发展，获得了新生。

2．从空间维度看

如果我们让视线回到济南城，回到洛口码头，回到济南老商埠，回到胶济、津浦铁路通车后的商贸繁荣景象，就会发现"济南商埠菜"是在广阔的空间里融合发展起来的具有齐鲁文化特征的风味菜肴体系，大致可以包括三个层面的叠加与兼容并蓄。

首先，是以洛口码头商埠形成的洛口古镇饮食文化的融合。如前所述，洛口自明清以来，就汇集了来自大清河、京杭大运河等水域盐运、商货运输的优势，成为融合中国南北饮食文化的典范，这样的优势延续到了晚近的民国时期，堪称"济南商埠菜"的起源与壮大发展时期。但随着胶济铁路的通车，洛口商业繁盛不再，并且日益衰落。在这样的背景下，几乎所有的商业经营都搬迁到了济南商埠区域或济南老城内。因此，"济南商埠菜"的前身是济南洛口码头菜的基础。而"洛口码头菜"的优势是在融合了南北方食材，兼容并蓄交通水域两岸的烹调技艺发展而成的风味体系。

其次，公元1904年以后，济南自主开埠后划分的商埠区域，虽然仅仅是济南整个城市的一个小的部分，但区域内，以及后来随着发展不断迁往商埠内的餐饮服务企业，无疑成为"济南商埠菜"发展的基础。从食材的应用到厨师技艺的表现，以及餐饮服务特色，无不体现出济南地域文化特征。也正是这一时期，济南大明湖、洛口北园的地方特产遐迩闻名，以"糖醋黄河鲤鱼""九转大肠""油爆双脆""火爆燎肉"等为代表的济南风味菜开始声名远播。这些都是基于商埠经济带来的文化交流与交融。济南也因此成为当时国内不多的商贸经济繁荣发展的都市。经济的繁荣发展自然促进了饮食行业的进步发展，而"济南商埠菜"正是在这样的背景下以厚重的济南地方风味为基础发展起来的。

最后，由于济南自主开埠后，随着大量的外国客商、洋货洋文、西方文化的进入，给"济南商埠菜"带来了前所未有的新的发展机会。西餐的特色食材、西餐的烹调方法、西式的服务形式等，在很大程度上为传统的济南风味菜提供了取长补短、融合发展的便利条件。可以毫不夸张地说，正是近代自主商埠的开办，使济南风味菜进入一个全新的发展时机。所以，在当时山东几大地方风味流派中，济南不输于在早些年被迫对外"开放"的烟台、青岛，其原因就在于此。

(三) 结语

根据前面对"济南商埠菜"的论述，往往会给人一种两极分化的错觉：

一是，"济南商埠菜"就是以原来济南自主开埠所划分的商业区域为限，大抵旧商埠区域内的属于"济南商埠菜"的范围，舍此则不属于"济南商埠菜"。事实上，并非如此，但"济南商埠菜"是以旧商埠区域为基础发展起来的是无可争辩的事实，辐射区域和影响所及，远远超出了那块小小的济南"旧商埠区域"。

二是，或许会有人认为"济南商埠菜"差不多就是今天济南风味菜的代名词，是不是现在所流传下来的济南风味菜都属于"济南商埠菜"呢？这也是一个误解。如前，完整的济南风味鲁菜体系，至少包括历下风味菜、济南官府菜、济南文人菜，再加上"济南商埠菜"。因此，"济南商埠菜"仅仅是济南风味鲁菜体系中的一个组成部分。至于如何区分或是鉴别"济南商埠菜"的菜谱种类，这正是摆在饮食文化研究者和餐饮经营者面前的一个课题。

关于"济南商埠菜"的其他问题，留待以后研究论述。

《黄焖鸡赋》
与黄焖鸡宴

2022年，也就是在新冠肺炎疫情肆虐的时候，济南杨铭宇餐饮管理有限公司在济南东部奥体东路的CBD写字楼中，开辟、创建了一个融公司总部办公、党建教育活动、公司成长展览、连锁加盟培训、商务洽谈、产品展示、新店铺体验、产品研发等功能于一体的综合性体验基地。在基地正门入口的墙壁上，有一篇《黄焖鸡赋》的书法作品赫然入目，赋文细细读来令人耳目一新（图5-1）。

这是一篇专门为"杨铭宇黄焖鸡"餐饮品牌撰写的赋文。该赋文的文辞略追古风，遣词造句略显幽奥，但读来却令人回味无穷（图5-2）。

现在，我们就通过解读这篇"赋文"，走进济南"杨铭宇黄焖鸡"背后所蕴含的非遗故事……

图5-1　基地入口处

图5-2　《黄焖鸡赋》书法作品

黄焖鸡赋
赵建民

惟圣贤之兴作，贵初心而不泯。嘉民生之食馔，亦应天而顺人。泺因众泉而生，鸡赖黄焖而铭，店铺逾乎六千，星罗遍及五洲。事无往而不变，物承绪而弥新。经盛衰而无废，历百代而愈珍。

若乃福泉，肇自洛镇，斗移泉城，新纪涅槃。雏凤白饭，逸香健安，娱肠和神，御志养形。四季备味滋和，八方嘉宾云集，播殊美于圣载，信人神之所悦。告诸饕者，杨门鸡饭，滥觞济南，非宣至味，惠及众生，皇天为鉴。既丕显于神州，乃名播于异域，食者嘉其美味，言者弃其别膳。其为常馔，殊功绝伦，三事既节，五齐必均。

览前贤之经典，谟尚书之食先，悟郦氏之成语，安古今之民天。一肴风靡百载，一膳察其成败，鸡饭配若伉俪，饕飧无忧北南。铭功德于千秋，垂将来于兹篇。

美矣哉，黄焖鸡饭！
善矣哉，舜德济南！

壬寅春于济南历下

在这篇《黄焖鸡赋》里，隐藏着一曲"杨铭宇黄焖鸡"餐饮品牌创始人杨晓路令人叹为观止的创业故事。当然，其中也包含着中华民族"吃鸡"的历史故事。

第一节 《黄焖鸡赋》里的故事

《黄焖鸡赋》的诞生，是因为济南"杨铭宇黄焖鸡"餐饮品牌声名鹊起的缘故。而关于它的诞生与成长过程，却鲜为人知。

《黄焖鸡赋》背后的故事

原创于济南的"杨铭宇黄焖鸡"餐饮品牌，经过十余年的连锁发展，其店铺已经遍布全国各地了，却依然不为全国人、山东人，乃至济南人所知。直到一个轰动一时的新闻报道，才解开了济南"杨铭宇黄焖鸡"餐饮品牌的面纱。

2021年3月23日，习近平总书记在福建省三明市考察调研沙县小吃时，在陪同人员的提示下，亲切提到了山东的"黄焖鸡米饭"，说将来要关注一下，并当场提出了"让小吃产业继续引领风骚"的指示精神。一时间，各地各种媒体关于山东济南"黄焖鸡米饭"的报道铺天盖地。然而，其时并没有多少人真正了解"黄焖鸡米饭"餐饮品牌的原创者"杨铭宇黄焖鸡米饭"（图5-3）。

图5-3　杨铭宇黄焖鸡米饭

　　"黄焖鸡"是鲁菜的传统代表菜品之一，长期以来在济南各地餐饮酒店多有制售。我国实施改革开放以来，"杨铭宇黄焖鸡"餐饮品牌的创始人杨晓路先生，于2003年恢复祖辈"路氏福泉居"的老字号招牌，开始了餐饮经营的创业之路。当时位于济南商埠区的"路氏福泉居"号称是"姥姥家的鲁菜馆"，对此，本书其他章节有详细介绍。"路氏福泉居"开业后，虽然杨晓路及其团队一直在很努力地经营，但一直不温不火。令人意外的是"路氏福泉居"有一道特别受客人欢迎的菜品——"黄焖鸡"。此菜为杨晓路的姥姥孟昭兰所传授，故名"孟氏黄焖鸡"。后因"路氏福泉居"原址被济南市统一城改，便不得不关门歇业。但这并没有打消杨晓路继续以餐饮为抓手的创业思路。后来几经辗转，在反复总结"路氏福泉居"经营经验的基础上，通过研究创新，于2011年首次推出了以鲁菜"黄焖鸡"（也就是"孟氏黄焖鸡"）搭配米饭的快餐连锁品牌——"杨铭宇黄焖鸡"。杨晓路先生携同家人历经十多年的潜心努力与市场发展，目前"杨铭宇黄焖鸡米饭"的连锁店铺已经辐射全国23个省、5个自治区、4个直辖市的200余座城市。截至2022年年底，加盟店铺已经超过6000家。随着近几年的发展需要，"杨铭宇黄焖鸡米饭"又走出了国门，目前在美国、加拿大、澳大利亚等海外市场累计开设100余家店铺。

　　一个普通的鲁菜菜肴，经过改造成为"黄焖鸡+米饭"的小吃快餐模式，在自身的发展中成就了"济南杨铭宇餐饮管理有限公司"的成长，同时带动全国超过4万余人创业致富，一举成为国内小吃行业的霸主。因此引起中央领导和各级政府主管部门的关注，也是情理之中的事情。

　　当下的"杨铭宇黄焖鸡"餐饮品牌企业，已经开始了全产业链经营模式的实践与经营，业务涵盖食品研发、预制生产加工、物流供应链和连锁加盟等领域。济南杨铭宇餐饮管理有限公司目前是商业特许经营备案企业、中国自主品牌领军企业、中华人民共和国成立70周年推动中国经济发展百强企业、中国质量守信示范企业，先后获得"中华风味名吃""山东餐饮老字号""全国绿色餐饮名店连锁品牌""中国餐饮名店""中国餐饮连锁加盟著名品牌""中国餐饮影响力品牌50强"等殊荣，更是2021年度问鼎"中国小吃企业50强"的山东餐饮品牌企业。

　　由于"杨铭宇黄焖鸡"品牌在我国小吃餐饮界轰动一时，在品牌传播方面收到了意想不到的效果，同时也促进了企业自身的发展。正是在如此的背景下，一个偶然的机遇，杨铭宇先生与山东省著名的饮食文化学者赵建民相识，并且在弘扬鲁菜文化、促进鲁菜产业发展等方面的认知上有共同的理念。赵建民在充分了解"杨铭宇黄焖鸡"餐饮品牌的发展之后，被其创业发展、不忘弘扬鲁菜文化的初心所感

动，于是在经历了反复的文字提炼之后，专门为之撰写了《黄焖鸡赋》这篇短文，希望能够成为促进"杨铭宇黄焖鸡"餐饮品牌进一步发展的力量，也为弘扬鲁菜文化的繁荣发展贡献些许加持的力量。

《黄焖鸡赋》原文见第189页。

全篇赋文包括标点符号在内计318个字。可谓短小精悍、字字珠玑。

令人意想不到的是，《黄焖鸡赋》甫一成文，就得到了包括济南杨铭宇餐饮管理有限公司杨晓路董事长在内的"杨铭宇黄焖鸡"品牌团队的认可。于是，他们做出了如下的行动。

首先，聘请浙江电视台频道副总监王志强先生对《黄焖鸡赋》进行吟诵式的播音，将其制作成MP4的视频作品，进行广泛传播。为《黄焖鸡赋》视频作品进行吟诵式播音的王志强先生是山东济南人，他怀着对家乡的深情厚意，用充满激情与乡情的优美音质完成了作品的吟诵，为《黄焖鸡赋》增加无限色彩。王志强先生是我国播音界大咖，先后获得第六届中国金话筒提名奖、第十届全国德艺双馨电视艺术工作者、中国新闻奖得主、全国广播电视和网络视听行业领军人物、中国电视金鹰奖优秀主持人、浙江省模范新闻工作者、浙江省第十届飘萍奖、浙江省德艺双馨电视艺术主持人等荣誉和称号，目前个人的微博、抖音粉丝超5000万。

其次，聘请我国著名的书法家荆向海先生为之挥毫书写书法作品，并延请大师工坊制作为卷轴作品，成为有名的书法作品，如图5-4～图5-8所示。

荆向海先生，号子川，山东省桓台人，20世纪70年代师从山东省内著名书法家张立朝先生。1985年考入首都师范大学首届书法大专班，有机会得到了我国著名书法大家欧阳中石先生的亲授，并深得先生的认可，其间他比较系统地学习了中国书法历史与书法理论。书法由颜柳入秦汉刻石，从魏晋南北朝碑志中汲取营养，其书风简朴、豪放、机变、富有情趣。自1981年以来先后在全国和国际书法大赛中获大奖30余次。其作品先后入展"全国第三届、第六届书法大展""首届国际青年书展""全国第五届、第六届中青年书法展""第二届全国正书展""首届当代名家书法精品展"等。作品及传略被收入20多部辞书。现为中国书法家协会会员、

图5-4　荆向海《黄焖鸡赋》书法作品全貌

图5-5 《黄焖鸡赋》书法作品首部

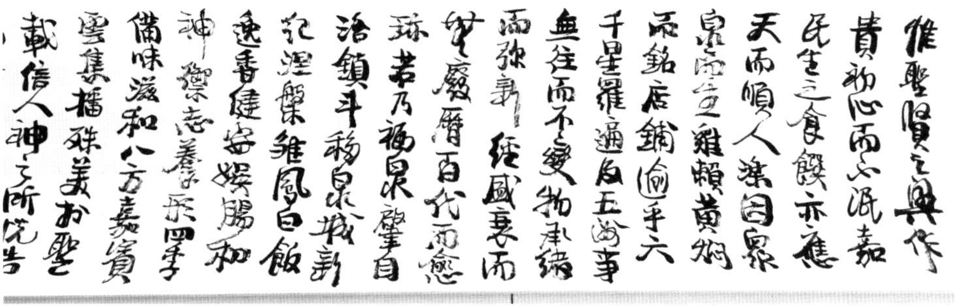

图5-6 《黄焖鸡赋》书法作品中部

图5-7 《黄焖鸡赋》书法作品尾端

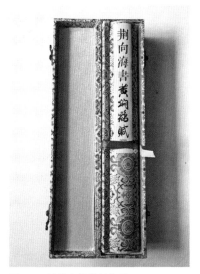

图5-8 制锦盒装卷轴作品

山东省邮票博物馆馆长、山东省文联委员、山东省书法家协会理事、山东省楹联艺术家协会副主席、济南文联委员、济南市书法家协会常务副主席兼书法创作评审委员会主任。

一篇《黄焖鸡赋》的问世，在"杨铭宇黄焖鸡"餐饮品牌团队及其杨晓路先生的重视下，从视频作品到书法作品，不仅完成了"杨铭宇黄焖鸡"餐饮品牌的文化涅槃，几乎还成就了一个弘扬鲁菜文化的传奇故事，将会被永载史册。

这，皆源于济南"杨铭宇黄焖鸡"餐饮品牌的横空出世。

 《黄焖鸡赋》文字里面的故事

一篇小小的《黄焖鸡赋》，不过区区318个字，但其中却蕴涵了深刻的文化意象与"杨铭宇黄焖鸡"餐饮品牌的成长历史与发展故事。这里将从诠释文赋的角度，来解开《黄焖鸡赋》文字里面的故事。为了介绍方便，下面把《黄焖鸡赋》的文字分为12段话，逐一加以赏析与诠释。

首段：惟圣贤之兴作，贵初心而不泯。嘉民生之食馔，亦应天而顺人。

译文

只有我国古代圣贤之人的经典作品或是劳作的事情，才能够名垂千古而不被泯灭。古代圣贤们为民众的生存与生活创造了美好的食物肴馔，是根据"天人合一"顺应大自然的规律完成的事情。

《黄焖鸡赋》开头的两句话，是从中华民族繁衍昌盛有赖于圣贤们创造的农耕文明与美食的发明开始。正是农业生产与美食发明养育了我华夏的芸芸众生，是功德无量的事情，于是能够名垂千古而依然被人们所传颂。而这些众多美食的创造发明是根据四季变化、物产资源、顺应自然规律进行的，于是成为养育和繁衍华夏民族的基础和根本。中华饮食文化之所以发达繁荣、根深叶茂，原因便在于此，因为它是顺应天道变化的饮食养生之道。这两句赋文，作者借用了我国晋代文人张载《酃酒赋》开头的文字，原文云"惟圣贤之兴作，贵垂功而不泯。嘉康狄之先识，亦应天而顺人。"中国的酒文化源远流长，蕴涵深厚，但与中国的"民以食为天"的功德相比较而言，还是在其次要地位的。因此，用于赞美酒德似乎有点过，而此句用于歌颂食馔养生之德，确实恰到好处。当然，这段赋文只是一个引起下面文字的导向而已，不是重点。

次段：泺因众泉而生，鸡赖黄焖而铭。店铺逾乎六千，星罗遍及五洲。

译文

济南古称"泺"，因为拥有泉水而诞生，济南的鸡则是因为一款"黄焖鸡"的著名菜肴而被铭记史册。济南的"杨铭宇黄焖鸡米饭"餐饮企业的店铺已经超过了六千家，店铺星罗棋布一样分布在全国各地及其国外，几乎遍及五湖四海。

这一段赋文不过两句，是对济南"杨铭宇黄焖鸡"餐饮品牌的直接切入。继前一段文字后，直接进入主题城市济南。济南是我国著名的"泉城"，古称"泺"。济南的城市正是因为拥有众多泉水而生、而名。其中生长在济南的家禽"鸡"现在非常有名，则是因为济南的"杨铭宇黄焖鸡"餐饮品牌名声显赫而随之被人们所铭记。这家原创于济南的"杨铭宇黄焖鸡"餐饮品牌，目前在国内外发展的店铺已经超过了6000家，几乎遍布世界各地，为传播鲁菜文化发挥了巨大的作用。

三段：事无往而不变，物承绪而弥新。经盛衰而无废，历百代而愈珍。

译文 |

> 自然界所有的事情古往今来没有不是在不断变化之中的。因此，我们今天所见到的事物无不是在传承前人的创造发明而在发展中越来越完善，并走向新的发展之路。所有传世的美好事物能够历经由盛到衰发展到现在没有被历史所荒废、淘汰，是因为它是经过了千锤百炼的。所以，事物经历的时间越久，它的生命力就越强，也就更加珍贵。

这段话是从宏观方面阐述了美好事物的发展规律。一切能够传承到现在依然为人们所应用的事物，都是历经了数百年的发展而越来越珍贵，美好的食馔也是如此，鲁菜的"黄焖鸡"也是如此。济南的"杨铭宇黄焖鸡"之所以能够在今天发扬光大，名扬海内外，就是基于这样的文化基因，历经数百年而备受人们喜欢。当然这也包括"物承绪而弥新"的发展规律，经过后人的不断创新与完善，赋予了它新的生命力。

四段：若乃福泉，肇自洛镇，斗移泉城，新纪涅槃。

译文 |

> 如果追溯"黄焖鸡"的历史，就要到济南的"路氏福泉居"那里。"路氏福泉居"是一家济南的餐饮老店，发源于洛口古镇。但随着泉城济南的历史变迁，历史上的"路氏福泉居"已经在21世纪凤凰涅槃为"杨铭宇黄焖鸡"的餐饮品牌。

这段赋文就一句话，是介绍追溯"杨铭宇黄焖鸡"餐饮品牌的源头，是要从餐饮品牌"路氏福泉居"那里开始。"路氏福泉居"是由杨晓路姥姥的前辈创始于清末年间的一个餐饮店铺。最早是从济南的洛口古镇开始的，后来历经搬迁、中华人民共和国成立后的公私合营、改革开放等变化，终于在21世纪由路氏家族的后代路晓娜、杨晓路姐弟联手开创了"杨铭宇黄焖鸡"的餐饮品牌，并一举获得了成功。把一个普通餐饮店铺的一个普通鲁菜菜肴，发展为名震国内外的知名餐饮品牌，实现了凤凰涅槃式的根本变化。这是改革开放给鲁菜带来的发展机遇，也是改革开放给路氏家族企业带来的凤凰涅槃式的新生。

五段：雏凤白饭，逸香健安，娱肠和神，御志养形。

> **译文**
>
> 用鲜嫩的优质鸡块搭配洁白的香米饭，就是现在誉满天下的"杨铭宇黄焖鸡米饭"快餐模式，飘逸芳香，是健康安全的美食。这样的美食五味调和，饮食自然，令五脏舒畅，令精神和悦，可以起到鼓舞心志滋养身体的效果。

这是一段描述、赞颂"黄焖鸡米饭"的文字。黄焖鸡米饭是一味普通的美食，用经典的鲁菜搭配馥郁芳香的米饭，是大众消费者的最爱。它具有芳香四溢、味美可口、营养丰富、健康安全的特点，食用的过程既可以使身心舒畅愉悦，还能够养益身体和激励心志。因为它是五味调和、顺应自然的美食。

六段：四季备味滋和，八方嘉宾云集，播殊美于圣载，信人神之所悦。

> **译文**
>
> 黄焖鸡米饭的味道设计与食材搭配适应四季的变化，常年都可以食用，由此博得了全国各地人们的青睐，出现了店铺食客云集的现象。一款普通鲁菜美食的传播，达到了惠及民众生活的圣贤功德，不仅食者们喜欢，即便是神仙听到后也会为之高兴。因为这是普通美食造福民众生活的万世功德，无论是古代圣贤、神人仙客，还是当今世人，无不为之欢心喜悦。

由于"杨铭宇黄焖鸡"的餐饮品牌，现在已经风靡全国各地，无论是在口味、食材的搭配上，还是在顺应四季变化的应用方面，都达到了最好的水平。所以，对于"杨铭宇黄焖鸡米饭"来说，已经没有了地域的限制，也没有了季节的制约，几乎适合所有民众生活的随时需求。因此吸引了四面八方的食客云集店铺堂食，成为一时的风景。这是借助美食的弘扬传播造福于人们的美好生活，是古代圣贤的目的和愿望，所以相信无论是在人间还是在神仙界，都是一件值得高兴的事情，会被历史铭记。

七段：告诸饕者，杨门鸡饭，滥觞济南，非宣至味，惠及众生，皇天为鉴。

译文 |

所以，在这里要郑重地告诉国内外的食客们，你们所喜欢的"杨铭宇黄焖鸡米饭"，它起源于、原创于泉城济南。这是一种普通的美食，不是什么珍贵食馔，却能够在今天惠及民众饮食生活，造福于当下的民众生活，这已经成为皇天可鉴的事实。

因为，长期以来，人们只知道享受"杨铭宇黄焖鸡米饭"的美味，而不知道它的来源与出处。所以赋文在此明确地告诉天下食客，"杨铭宇黄焖鸡米饭"原创于济南，起源于济南，是鲁菜的代表，也是鲁菜文化厚积薄发的典型。"杨铭宇黄焖鸡"本来就是一道普通的食品，却引起了广大民众的喜欢，这就成为惠及民众生活的美食了，因而可以说是功德无量。这样的历史事实，已经得到了当今社会的认可，有皇天为鉴，为历史铭记。

八段：既丕显于神州，乃名播于异域。食者嘉其美味，言者弃其别膳。

译文 |

如今，"杨铭宇黄焖鸡米饭"不仅美名誉满神州，而且已经传播到了国外。在海外、国外也有了"杨铭宇黄焖鸡"餐饮品牌的门店。这样不仅造福于华夏民众，也同样造福于生活在不同国度里的民众生活。由于"杨铭宇黄焖鸡米饭"的美味得到了广大食客民众的认可，因此成为许多人一日三餐的首选，而因此放弃了对其他美食的选择。

目前的"杨铭宇黄焖鸡"餐饮品牌,已经超过了6000家门店,遍布全国各地,包括美国、新加坡、澳大利亚等国家。可以说,现在的"杨铭宇黄焖鸡米饭"已经名扬五洲四海,店铺波及世界各地。因为大家都说"杨铭宇黄焖鸡米饭"美味好吃,经济实惠,成为人们日常饮食生活的首选之品。

九段:其为常馔,殊功绝伦,三事既节,五齐必均。

> **译文**
>
> "杨铭宇黄焖鸡米饭"是一种普通的日常食物,今天由于得到了广大民众的喜欢而成为造福民生的美食,其功德是其他食物所不能比拟的。这里要告诉人们虽然喜欢,却不能过之,人生之事讲究的是"起居有常,食饮有节",五味的调和也讲究均衡适中。

我国古人在长期与大自然共处中积累了丰富的处事、处世经验,包括人世间的诸事都要讲究有序有节。这里的"三事"是古代的说法,对于"三事"典籍中有很多种解释,本文的"三事"泛指所有的事。我们也可以借用古人"正德、利用、厚生"为三事的注脚。人生的一切事情都要做到有节制、有规律。同样的道理,古人制作"五齑"这种调味料的时候,也要把所用的五种细切的肉食、冷菜均衡地调和在一起,不能够有所偏颇。古代的"五齐",也称为"五齑",是一种用五种动植物食材细切为末调和在一起的一种佐餐食料。古代酒饮中也有"五齐"的说法,此不赘述。这段文字说"杨铭宇黄焖鸡米饭"不过是一种普通的日常食物,因为得到了广大民众的喜欢而成为造福民生的美食,与其他食物比较而言似乎其功德不小。但要告诫人们,人生之事讲究的是"起居有常,食饮有节",五味的调和也讲究均衡适中。即便喜欢,也不要过之,这是饮食养生的规律。

十段:览前贤之经典,谟尚书之食先,悟郦氏之成语,安古今之民天。

> **译文**
>
> 阅读、学习我国古代圣贤经典著作的时候,就知道了《尚书·为政》中,把"食"列为治理国家的"八政"之首。同样在《后汉书·郦食其传》中有:"国以民为本,民以食为天"的传世名言,也阐明了治国安民的首要事情是民众的饮食。

赋文此处引经据典意在说明饮食在人类社会中的重要性，自古以来都是如此。在我国自古就有"民以食为天"的古训，这在历代的典籍中都有明确的记载。所以，我们今天学习、阅读这些经典著作的时候，到处都可以看到类似的记录。早在先秦时期的经典著作《尚书》中，在讨论治国的八大政策中，就把"食"放在了首位。因为，人类的繁衍发展，首先是要有足够的食物来确保人们的生命延续。"食物"是人民活命的第一需求，没有第二。最有名的论述是在《后汉书》中，在该书的《郦食其传》中，记载了我国的一句名言，就是"国以民为本，民以食为天"，被无数后人引用、传播，成为后世阐述饮食重要性的直接论据。但这里需要引申一下的是，"民以食为天"是古代为政用以解决老百姓温饱问题的，以我们今天的发展而言，"民以食为天"已经是过去式了。今天，我们已经解决了温饱问题，而是要以饮食安全健康为民生之要务，所以把"民以食为天"改为"食以民为天"更加确切一些。"杨铭宇黄焖鸡"搭配米饭的快餐模式，已经是以食品的安全、健康为其首要，并在此基础上达到了美味可口的目标。

十一段：一肴风靡百载，一膳察其成败。鸡饭配若伉俪，饔飧无忧北南。

> **译文**
>
> 鲁菜的一道"黄焖鸡"经历了一百多年的发展，今天依然不衰，一款"黄焖鸡米饭"的膳食成为一个餐饮企业发展成败的关键。黄焖鸡搭配米饭堪称绝配，就像一对恩爱无间的夫妻。有了黄焖鸡米饭的出现，无论生活在南北各地的人们，也无论是早餐、午餐或是晚餐，再也没有了在哪里吃饭的忧愁与烦恼。

"黄焖鸡"历经百年的传承，虽然普通，但历久弥新，借助"杨铭宇黄焖鸡"餐饮品牌在今天的风头而风靡当下。正是由于鲁菜"黄焖鸡"的缘故，在经过"杨铭宇黄焖鸡米饭"创始人的传承努力下，以黄焖鸡搭配米饭的方式，唤醒了普通鲁菜的新生，而这正是成就"杨铭宇黄焖鸡"餐饮品牌的原因。一道普通的美食创造了当今社会一个著名的快餐企业，尽管其中有人为的努力，但所传承的却是鲁菜文化的精髓。

末段：铭功德于千秋，垂将来于兹篇。美矣哉，黄焖鸡饭！善矣哉，舜德济南！

所以，"杨铭宇黄焖鸡米饭"的问世，其卓著的功绩将铭记千秋万代，而"杨铭宇黄焖鸡米饭"之名的传播，也许会因为《黄焖鸡赋》的传播而永载史册。美味、美好的黄焖鸡米饭，为惠及当下民生功不可没。这是天下最大的善举啊，源于传承大舜美德的泉城济南。

赋文的最后一段是结束的语言。微言大义，一言以蔽之，"杨铭宇黄焖鸡米饭"的功绩将永远被史册铭记，而《黄焖鸡赋》也可能因此传世不殆。黄焖鸡米饭的美德，是传承了济南大舜文化之精髓与大舜孝德天下之美德。因此，鲁菜成就了"杨铭宇黄焖鸡"的餐饮品牌，而"杨铭宇黄焖鸡米饭"也成为传播齐鲁文化、弘扬祖国传统文化的优秀载体。

（三）《黄焖鸡赋》未完的故事

在许多人的心目中，小吃快餐不过是解决城市居民和上班族的吃饭问题。这与两千多年来中国农耕社会一直在努力解决老百姓的温饱问题，是一个道理。所以，古代才有了"民以食为天"的千古名言。所以《尚书》中把"食"列为"八政之首"是颠扑不破的真理。然而，在今天的中国，"民以食为天"已经成为历史，或者说成为过去式。从当下看，中国进入了一个前所未有的新时代，举国上下已经不需要再为吃不饱而犯愁了。现在的问题是要为国人提供安全健康、品质美味的食馔。所以，我们迎来了现在进行式的"食以民为天"的时代。

毫无疑问，"杨铭宇黄焖鸡"从一开始就把"食以民为天"奉为唯一标准，所奉献给消费者的都是优中选优的食品。正是因为有如此的初心，使"杨铭宇黄焖鸡"的产品与品牌得到了广大消费者的信赖与青睐。

"杨铭宇黄焖鸡"的餐饮品牌，从问世到现在，在济南杨铭宇餐饮管理有限公司的积极努力下，经过了十多年的发展，已经成为山东餐饮业中最具影响力的餐饮品牌之一，2022年被媒体评为"影响山东最具投资价值品牌"的餐饮企业。杨晓路被评为2022年度影响山东优秀企业家，如图5-9所示。

进入2020年以来，济南杨铭宇餐饮管理有限公司虽然像全国的餐饮企业一

图5-9　2022年度影响山东优秀企业家奖杯

样，受到了疫情的严重影响。但由于"杨铭宇黄焖鸡"品牌是建立在以品质为前提的基础之上，包括产品的网络销售与店铺扩展依然没有停止。稳定发展的脚步进入2022年，济南杨铭宇餐饮管理有限公司总部搬迁进了济南东部最著名的CBD大楼，设计打造了"杨铭宇黄焖鸡"品牌综合性展示体验馆，并为未来的发展规划出了新的蓝图，如图5-10~图5-16所示。

因为济南杨铭宇餐饮管理有限公司的"爱与责任"，使"杨铭宇黄焖鸡"餐饮品牌充满了对广大消费者的无限激情。这既是产品品质保障的基础，也是品牌发展的前提。正是因为这份"爱与责任"，赋予了"杨铭宇黄焖鸡"餐饮品牌发展的无限可能性。因此，公司自信地喊出了"中国的杨铭宇，世界的黄焖鸡"的响亮口号，如图5-17和图5-18所示。

图5-10　体验馆入口

图5-11　体验馆一瞥（一）

图5-12　体验馆一瞥（二）

图5-13 体验馆一瞥（三）

图5-14 体验馆一瞥（四）

图5-15 新产品展示

图5-16 公司办公区

图5-17　爱与责任

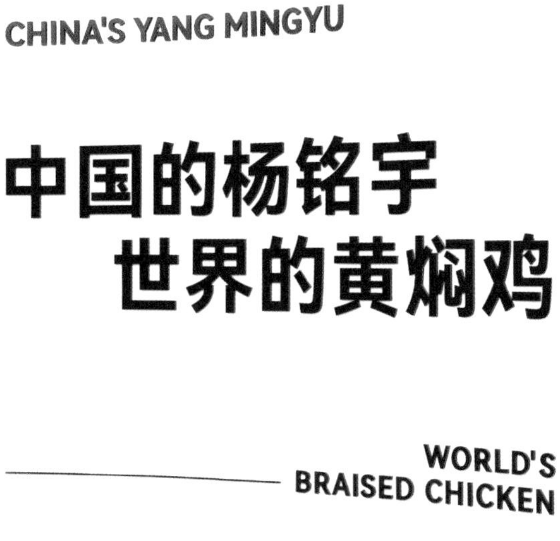

CHINA'S YANG MINGYU

中国的杨铭宇
世界的黄焖鸡

WORLD'S
BRAISED CHICKEN

图5-18　走向未来的自信

第二节 **中国人"吃鸡"的故事**

中国人有着悠久的"吃鸡"历史与文明，加工鸡馔的方法和种类繁多，流传至今的鸡馔名品不计其数。常见鲁菜中的扒鸡、烧鸡、卤鸡、栗子鸡、香酥鸡、熏鸡、风干鸡、各种炸鸡等，不一而足，"黄焖鸡"仅仅是其中的一种加工方法。但在数千年华夏民族的"吃鸡"历史积淀中，已经形成了世界独一无二的"鸡文化"，也因此在各地流传下来了关于中国人"吃鸡"的故事。

 鸡与中国人的饮食生活

在我国民间，自古以来就有"无鸡不成席"的俗语。尤其年节家宴、婚庆寿喜等待客宴席，用鸡制作的菜肴是绝对不可少的，究其原因，大抵有如下三个方面。

1. "鸡"与"吉"谐音

中华民族在漫长的繁衍发展中，追求积极向上的生活态度与生活情调，举凡年节家宴、婚庆寿喜等无不讲究吉祥如意、吉庆欢乐的寓意和氛围。于是，在宴席中，就以"鸡"的菜肴打头阵，并成为约定俗成的规矩。许多地方民间所谓"一鸡二和菜，三鱼四埋汰"的宴席菜肴格局就自然而然地形成了。其他还有"头鸡二鱼三肘子""鸡打头，鱼扫尾"等宴席谚语，都是把整鸡的菜肴放在了宴席的首要位置，习惯上把它称为"头菜"，可见鸡在民间传统宴席中的重要性。鸡在我国旧时民间被人们视为"吉祥"之物，这是普遍的认知。但也有特别的例子，在我国湖南一些地方民间，因为"鸡"与"饥"谐音，于是就有了在特定的时间点忌讳"鸡"的习俗。

在我国的湖南民间，农历六月初六有"过半年"的习俗，主要有祭祖、尝新、祀田神等不同的活动内容。所谓"尝新"，就是以农耕收获成果的"尝新"活动。清乾隆二十八年刻本《清泉县志》在"礼仪民俗·祭礼"中记载有：

> 六月初中旬……炊新米为饭，馔用鱼忌鸡，归有余而无饥也❶。

说得非常清楚明白，就是"尝新"的祭祀活动中，炊新米为饭，菜肴必须用鱼，但不能用鸡。这一习俗在湖南旧地方志书中多有记载。如清光绪五年刻本《靖州直隶州志》十二卷云：

> 六月六日：……是月尝新（卯日，馔用鱼，忌鸡）❷。

清同治九年刻本《芷江县志》六十四卷则说：

> 六月六日：……初旬内，择日尝新（取新米煮食，必侑以鱼肉。无鸡，取无饥也；有鱼，欲有余也）❸。

清光绪四年刻本《道州志》十二卷记载：

> 六月六日：祭土神。小暑食黍，大暑食谷。择日试新，忌用鸡，以其音类饥也❹。

清光绪四年刻本《龙山县志》卷十一风俗志记载节序食俗云：

> 六月，六日喜晴，曝衣物、书籍。逢卯日炊新稻，曰尝新。肴尚鱼，曰有余不食鸡，以音类饥也❺。

---

❶ 丁世良，赵放.《中国地方志民俗资料汇编：中南卷·（下）》. 北京：北京图书馆出版社，1999年，第547页。

❷ 丁世良，赵放.《中国地方志民俗资料汇编：中南卷·（下）》. 北京：北京图书馆出版社，1999年，第616页。

❸ 丁世良，赵放.《中国地方志民俗资料汇编：中南卷·（下）》. 北京：北京图书馆出版社，1999年，第621页。

❹ 丁世良，赵放.《中国地方志民俗资料汇编：中南卷·（下）》. 北京：北京图书馆出版社，1999年，第596页。

❺ 丁世良，赵放.《中国地方志民俗资料汇编：中南卷·（下）》. 北京：北京图书馆出版社，1999年，第648页。

清光绪十一年刻本《耒阳县志》八卷：

> ……"大暑"前后，以卯日食新，佐以鱼，忌食鸡，以卯为成日，喜鱼音同余，鸡音同饥也[1]。

清同治六年刻本《宁乡县志》也有：

> 六月六日"天贶日"，则曝衣服、晒书籍，谓可免虫患……"大暑"前后，以卯日食新，佐以鱼，忌食鸡。以卯为成日，喜鱼，音同余；忌鸡，音同饥也[2]。

显然，在这些地方民间，有一个共同有趣的饮食习俗，就是"尝新"宴席不能够用鸡来作为菜肴奉献，因为"鸡"和"饥"谐音。农耕"尝新"的目的是祈祷先祖田神保佑粮食丰收，以避免饥饿。而且还为此规定了必须有"鱼"，因为"鱼"谐音有"余"粮的意思。这一习俗主要流行在湘西地区，但在湖南其他的一些地方民间也有这样的习俗，如《衡山县志》《常宁县志》《祁阳县志》等均有六月"尝新"之礼，也同样有"忌用鸡，必用鱼"的饮食习俗。

但在我国更加广泛的地区民间，因为"鸡"与"吉"谐音，因而鸡成为我国民间传递吉祥信息的代表物。如许多地区民间孕妇分娩新生婴儿之后，首先要向娘家"报喜"，报喜人就怀抱一只鸡来传递喜讯。如果是生了"男丁"，就抱一只大公鸡，如果是女婴就用一只母鸡。娘家人一看便知是男是女。类似的习俗在我国各地有许多，不一一赘述。

2. 养鸡是我国农耕社会几乎家家户户的必备习惯

我国有着悠久的养鸡历史，因此也就有着同样悠久的吃鸡历史。在传统的农耕社会，家畜家禽的养殖几乎家家都有。它们既是农耕的动力工具、民间增加财富、储备动物食材的需要，同时也是山野农家的一种生活方式。在人们的心目中，所饲

---

[1] 丁世良，赵放.《中国地方志民俗资料汇编：中南卷·（下）》. 北京：北京图书馆出版社，1999年，第543页。

[2] 丁世良，赵放.《中国地方志民俗资料汇编：中南卷·（下）》. 北京：北京图书馆出版社，1999年，第681页。

养的鸡、鸭、猪、狗、猫，以及大型的家畜猪牛羊等，几乎就是不可或缺的家庭成员。所以，"家"的造字中就有了"豕"（即猪）的位置。旧时候，如果一个农家里没有几只鸡或几头猪，那几乎是不可想象的事情。特别是鸡和猪，在传统的农家里，既是家养畜禽，也是年终用于祭祀的供品，同时也是待客的美味。这种情景，似乎令人不可思议，但在我国传统的民俗生活中，却是不争的事实。

在传统的农村，农家养鸡，不需要特别的食料，多使用人们饭菜制作后多余的下脚料、不能食用的剩菜剩饭，以及蔬菜瓜果的下脚料或者是采摘的野菜等。这既达到了废物利用的效果，又有了饲养家禽的美味收获，可谓是一举多得。人们自己养的鸡，不需要计算生产成本，等到育肥了，就可以随时宰杀加工成为美味，或用来当作祭祀供品，或加工成为宴席中的美味佳肴。

3．具有整体性加工的特点

旧时民间的祭祀活动中，大型的食物供品不外乎牛、羊、猪、鸡、鸭等，并且在古代使用时还有严格的规定。如"太牢""少牢"是天子或官府的祭祀供品。而民间只能用整鸡、整鱼之类。但用之于宴席菜肴制作，整只的成年牛、羊、猪显然是不能上桌的，只有宰杀、加工成零散的小块用来制作菜肴。但鸡就不一样了，整只的烧鸡、扒鸡、炸鸡、蒸鸡等，加工成为菜肴登上宴席，既有吉祥寓意，又完整美好，加之鸡的形态优美、肉质鲜美、味道醇美，堪称宴席中的佳品。因此，加工熟制后的整鸡，就成为传统宴席中最具有美好寓意与美味食馔融为一体的大件菜肴，甚至是宴席中的美味代表。也正是这样的原因，全国各地几乎都有用整鸡加工的美味风味食馔，广为流传，成为各地的风味名吃。如山东的德州扒鸡、安徽的符离集烧鸡和河南的道口烧鸡等。

或许就是由于这样的原因，我国的养鸡业自古以来特别发达，而且几乎各地都有一两种优质的良鸡品种。于是，就数量而言，在众多的家畜、家禽中，鸡的饲养数量最多，几乎是牛、羊、猪加起来的总数，至今依然如此，全世界也几乎如此。

中华民族不仅有悠久的养鸡、吃鸡历史，而且还在鸡的吃法上积累了丰富的经验。因此，从吃法（实际是烹饪加工方法）上讲，我国不仅南北皆有不同，东西也各有差异，可谓吃法博大精深。正是因为有这样的文化背景，才形成了今天中华鸡馔的丰富多彩与万千风情。

仅以吃鸡的大省山东而言，著名的鸡肴美不胜收。黄焖鸡、沂蒙炒鸡、枣庄辣

子鸡、诸城烤鸡、聊城熏鸡、德州扒鸡、福山小烧鸡、青岛香酥鸡、莱芜炒鸡、济南酱鸡、泰山栗子鸡……其中，山东最有名气的是"德州扒鸡"，以其悠久的传承历史、美好的风味特色及借助明清大运河交通水道的传播之力，声名远播。如今，德州扒鸡已经成为国家级非物质文化遗产代表性名录项目。

据统计资料表明，山东不仅是吃鸡大省，而且也是养鸡大省。全国肉鸡养殖排名第一，据说所占比例达到了全国总量的40%，堪称真正的养鸡大省。

对于吃鸡的饮食风俗，各地都有丰富的积累与名馔佳肴传世。"小鸡炖蘑菇"是东北过年时招待女婿的标配，甚至有"姑爷领进门，小鸡吓断魂"的说法。新疆的"大盘鸡"适合让人大口吃肉，大块的鸡肉连同大盘鸡中所拌的面条都得是裤带粗的宽面，充分展示了我国西北地区的粗犷之审美风格。流行于江浙地区的"叫花鸡"，不仅因为一个民间的故事广为人知，更因为以其独具特色的加工方法流芳数百年。河南的道口烧鸡与安徽的符离集烧鸡，以其醇美厚重的风味赢得了广大食客的青睐而遐迩闻名。广东的"白斩鸡"、海南的"文昌鸡"、青岛的"香酥鸡"、陕西的"葫芦鸡"、四川的"钵钵鸡"与"麻辣鸡"，等等，不一而足。而流行于东北民间的"百鸡宴"，更是被写进了著名的文学作品《林海雪原》中而令人记忆犹新。

(二) 鸡与中国人的世俗文化

鸡，属鸟纲，雉科，种类繁多。据研究表明，现在的家鸡其祖先是至今仍栖息在东南亚一带的野鸡。根据考古成果表明，我国食用鸡的历史至少也有四五千年了。早在新石器时代中期的西安半坡遗址中，人们就发现有鸡的残骸。同样在新石器时代晚期的河南三门峡庙底沟遗址中，也发现了鸡的骨骼。但这时期人们所吃的鸡是已经饲养还是半饲养抑或是野生鸡，还有待于进一步研究。但这足以证明我国吃鸡的历史早在四五千年前就开始了，是世界上吃鸡抑或是养鸡最早的国家之一。在长江流域的屈家岭遗址，曾发掘出陶鸡，是仿照家鸡制作的，说明养鸡在当时已经十分普遍了。因此，鸡的造型才有可能被制成工艺品或日用器皿。不过，明确记录家鸡的圈养却是在距今1700多年前北魏贾思勰的《齐民要术》一书中。在《齐民要术》专门辟有"养鸡篇"，贾思勰集古人养鸡经验之大成，详细叙述了鸡的圈养技术。当然，这时我国的养鸡技术已经非常成熟了。

现在的家鸡是人类饲养最普遍的家禽之一。似乎还可以说，早在人类的史前文明时期，鸡就与人类共生共存，与华夏民族结下了不解之缘。于是就有了，鸡是我国十二生肖中唯一的羽类，尽管在十二生肖中的排位几乎是在最后，但人们却奇妙地把新春正月的第一天确定为"鸡"日。这究竟是因为新年第一天早晨的啼鸣来自鸡的声音，还是因为鸡与新年"吉庆"之日的谐音关系，抑或是人们的心目中对鸡有着特别的钟爱之情，就不得而知了。

旧时人们过年，往往有把用大红纸剪成的窗花贴在窗户上，以增加年节的吉庆气氛。据说这来自一个久远的神话传说。据说在尧帝执政的时候，一个遥远友邦部落，贡献了一种能辟邪的漂亮的"重明鸟"。"重明鸟"给当时的人们带来安全和快乐，大家自然都欢迎重明鸟的到来。可是遥远的部落贡使不是每年都能送来"重明鸟"。但人们又喜欢它，于是有聪明人用木头雕刻成为"重明鸟"的模样，后来又用青铜铸造"重明鸟"放在门户上。但木雕的或铸造的"重明鸟"都显得笨拙不堪。后来人们就用绘画或者剪纸，画出或剪出"重明鸟"的形象，贴在墙壁或是窗户上，以起到吓退妖魔鬼怪的"辟邪"效果（其实是一种寓意）。因"重明鸟"的模样类似家鸡形象，后来人们就逐步改为画鸡或剪鸡形的窗花贴在门窗上，据说这是我国后世剪纸艺术的源头。梁朝时宗懔在所撰写的《荆楚岁时记》一书中，就有对元旦剪鸡的风俗记载（图5-19）。云："帖画鸡：或斫镂五采及土鸡于户上……❶"看来这个风俗在南北朝时就已经开始了，至今至少流传了1600年。

图5-19 《荆楚岁时记》书影

---

❶ 宗懔.《荆楚岁时记》，太原：山西人民出版社，1987年。

传统的十二生肖中有"酉鸡"的位置,实属难能可贵。那么,鸡有何德何能位置十二生肖之中呢?

我国民间流行的十二生肖中,按照地支顺序的第十位是生肖鸡,俗称"酉鸡",凡是出生在"酉"年的人就是属鸡。据说,大凡属鸡的人们其性格似乎有一些共同之处,其特点是:精力充沛,善于言谈;为人温和、谦虚而谨慎,有强烈的经济观念,勇往直前,心强好胜,脾气古怪,爱争善辩,固执己见,稍微自私,等等。不过,这种研究是否有其科学依据,抑或是全国有十二分之一属鸡的人是否都是如此性格,还是值得探讨的话题。如果从民俗学的角度而言,也许更属于民间俗信的范围。

我国古人特别重视鸡,称它为"五德之禽"。汉代人撰写的《韩诗外传》中说,鸡头上有冠,是文德;足后有矩能斗,是武德;敌在前敢拼,是勇德;有食物招呼同类,是仁德;守夜不失时,天时报晓,是信德。所以人们不但在过年时剪鸡,而且也把新年首日定为鸡日。

说白了,这些都是人们赋予"十二生肖鸡"的象征意义。

第一,因为鸡头上有一个大红冠,成为古代"文德"的象征。古代读书人十年寒窗之辛苦,为的是要考取功名。一旦金榜题名,则是穿红袍、戴红冠,一如公鸡头上闪闪发亮的大鸡冠。加之"鸡"与"吉"谐音,引申为吉庆祥和之意,而冠则是"夺冠"争得头名的象征。于是,在古代文人的心目中,大大的红鸡冠就成为夺得科考状元的意象,故有"文德"之誉。

第二,因为鸡爪有四个指头,呈多方向伸展开来,站立稳定,且鸡中有一种勇敢善斗的"斗鸡",于是成为好勇善斗的象征,故有"武德"之谓。鸡的这个象征意义主要是源自于古代的"斗鸡"游戏。不是所有的鸡都好勇善斗,只有部分"斗鸡"及许多公鸡喜欢争强搏斗。在日常生活中,我们也常常能够见到两只公鸡相遇,很可能有一场搏斗。为了观赏精彩的斗鸡搏杀,人们饲养了专门的斗鸡,还会举办斗鸡比赛。斗鸡活动在许多国家都盛行,山东的菏泽就是著名的"斗鸡"之乡。公鸡与斗鸡的这种行为,寓意着鸡的勇敢好斗与毫不示弱的战斗精神。正是因为鸡的勇敢与好斗精神,于是又延伸出了在敌人面前毫不示弱的勇敢象征,被古人称为"勇德"。其实,这种象征意义的"勇德"与"武德"有着密切的联系。

第三,鸡的生活习性有明显的两个特点:一是凡有食物在前必招呼同类共享;二是母鸡保护小鸡的意识超众。于是人们赋予鸡的"仁德",其象征意义是平凡与柔弱中从不抛弃同类与爱护生命之精神。鸡在生活中几乎随处可见,其繁殖能力极强，而且成活率较高，对环境的要求低，几乎什么地方都能够饲养。而从鸡的本身来说，母鸡"护犊子"的精神几乎无人不知，这种能够舍己保护幼小与爱护生命的特征，也成为人类学习的榜样。至于食物面前不独食，总是"咯咯咯"地招呼同类共食，所表现的也是一种"仁爱"的精神，被古今人们所称道，故有"仁德"的美誉，这也是鸡为"有德之禽"的原因所在。

第四，"金鸡报晓"是鸡的天性，但所表现的是年年如此、天天如此，准时守信，从不违时，这成为鸡的一个重要的象征意义，被誉为"信德"。在我国长期以来的农耕文明社会中，普通农家没有计时的工具，家里所养的公鸡，总是从不失约地天天准时啼鸣报晓，成为人们心目中最为守信的表现。过去的人们虽然说是"日出而作，日落而息"，但不能等到日上三竿才起床，如果是阴雨天便失去了观察太阳以确定时间的依据。而鸡的守信报晓却是风雨无阻的。于是，公鸡报晓就成为叫醒农家、开启一天农耕生活的重要手段。所以，对于人们来说，正是因为有了黎明时的公鸡打鸣报晓，人间才开始有了新的一天的炊烟袅袅和农田里生机勃勃的景象。

除此而外，因为鸡有"吉祥"的寓意与象征，因而人们又赋予鸡"辟邪""去灾""神明"等象征意义。在世界各地，民间几乎都有用鸡占卜凶吉的习俗，古人还常用鸡驱邪和祭祀。早在我国的先秦时期，人们就有用鸡和鸡血驱邪的民俗活动。古时候的人们认为，鸡跟鸡血有驱邪和去灾祸的作用。古代人结义时的"歃血为盟"，又赋予鸡的"神明"寓意。尤其是，在古时候人们的祭祀活动中，鸡是不可或缺的供祭食物，至今许多地区民间依然会用鸡来祭祀祖先等。

总之，人们在与鸡长期共处的生活中，赋予了鸡一些独特的社会功能，实际上是人们从鸡的动物特性中演绎、联想出它的象征意义。并因此演绎、形成了中国独有的"鸡文化"蕴涵。不过，鸡同其他动物的象征意义一样，也是有好有坏、有褒有贬的，这需要根据不同的语境和场合而定。仅以流行在人们生活中的成语而言，就可以窥其一般。如"鸡飞狗跳"，又作"鸡飞狗走""鸡飞狗叫"等，形容惊慌失措，乱作一团的样子；"鸡鸣狗盗"则出自一个有趣的故事，以此比如卑微的技能者，多含贬义，也形容人的行为低下卑劣等。其他如"鸡零狗碎""偷鸡摸狗""嫁鸡随鸡""小肚鸡肠""鹤立鸡群""鹤发鸡皮""鸡鹜争食""鸡虫得失""宁为鸡口，无为牛后""鸡飞蛋打""鸡毛蒜皮""鸡鸣之助""杀鸡取卵""杀鸡吓猴""杀鸡焉用牛刀""手无缚鸡之力""牝鸡司晨""闻鸡起舞"等，比喻的意义有褒贬不一，可谓丰富多彩，不胜枚举。

第三节 "杨铭宇黄焖鸡"文化主题宴

在济南传统的宴席制作中没有"黄焖鸡宴"的说法与产品，但它和"济南黄焖鸡"非物质文化遗产美食项目一样，是在传承传统鲁菜饮食文化的过程中，创意设计研发的非遗饮食文化产品，故名"杨铭宇黄焖鸡"文化主题宴。

"杨铭宇黄焖鸡宴"是由济南杨铭宇餐饮管理有限公司研发推出的主题文化宴席。该宴席是在著名的中国鲁菜大师李培雨的指导下，通过反复探究、研发、创新、制作而诞生的主题文化宴席。"杨铭宇黄焖鸡宴"秉承济南传统宴席的习俗和规制，以"济南黄焖鸡"非物质文化遗产为主要文化背景，融合济南洛口风味菜、历下风味菜以及当下流行的新鲁菜等众多美馔佳肴，通过精心设计、制作而成。"杨铭宇黄焖鸡宴"席面展台如图5-20所示。

图5-20 "杨铭宇黄焖鸡宴"席面展台

 "杨铭宇黄焖鸡宴"的文化背景

毋庸置疑，"杨铭宇黄焖鸡宴"的面世，是一个饮食文化产品系统的研发、创意过程，它所承载的是融合济南传统宴席文化与新时代餐饮市场产品消费需求的艰巨任务。"杨铭宇黄焖鸡宴"的成功推出，是鲁菜人坚持传承、创新、发展理念的典型代表。

1."杨铭宇黄焖鸡宴"设计的文化背景

"济南黄焖鸡"作为济南地区的代表性非遗项目，既是济南饮食文化的代表，也是鲁菜餐饮产业发展的代表。但博大精深的鲁菜体系的发扬光大，仅仅依靠一个"杨铭宇黄焖鸡"的快餐餐饮品牌，还是远远不够的。济南杨铭宇餐饮管理有限公司董事长杨晓路认为，要以"济南黄焖鸡"非遗美食为抓手，带动相关餐饮文化产品的开发与推广，从而起到推动鲁菜餐饮产业全面发展的引领作用。

基于这样的原因，济南杨铭宇餐饮管理有限公司决定在继续推进"杨铭宇黄焖鸡"餐饮品牌快速发展的基础上，将以"路氏福泉居"和济南"美顺和"两个老字号餐饮品牌为依托，扩大公司的经营范围。老字号餐饮店铺的恢复经营，除保持一些传统的菜品外，更重要的是要有创新发展的理念与产品。那么，在传统老字号餐厅推出创意设计、精心制作的"杨铭宇黄焖鸡宴"就是其中的一个亮点。

"路氏福泉居"在前面的章节中已有详细介绍，此不赘言。但对于济南老字号餐饮品牌"美顺和"来说，就鲜有人知晓了。

"美顺和"，于公元1937年，在济南经六纬一上开业的一家小型餐馆，为曹姓小业主进行经营。"美顺和"开业后，由于经营者精心制作饭菜，用心对待客人，一段时期内赢得了周边食客的喜欢，成为济南西部一家小有名气的餐馆。"美顺和"以为济南大众提供物美价廉的餐饮饭食为主要特色，同时也经营一些传统的济南风味鲁菜。小炒凉拌菜是其主要特色，代表菜品有炒里脊丝、抓炒虾仁、爆炒腰花、凉拌藕、拌腰丝等。该店最富有特色的产品是制作的"锅饼"，以个大洁白、暄软筋道、麦香馥郁著称，赢得了许多客人的青睐，纷纷购买带回家里作为主食备用。中华人民共和国成立后，该店继续经营了一段时间，后于1956年实施公私合营时与"树彬楼"饭店合并，部分餐饮产品则继续在合并后的"树彬楼"饭店保持经营。但在我国推进改革开放以来，传统的计划经济不适应新的市场变化，与改革后新兴的餐饮企业相比已经失去了市场竞争力。因此，"树彬楼"饭店于1992年关张停业，但老字号"美顺和""树彬楼"的注册商标被济南行业主管部门保留了下来。济南杨铭宇餐饮管理有限公司从保护传统老字号社会责任感的角度出发，通过品牌转让的形式将济南餐饮老字号"美顺和"收购，成为济南杨铭宇餐饮管理有限公司麾下的一家老字号餐饮企业。"美顺和"也将于近期在济南挂牌恢复营业，再现济南老字号餐饮企业的风采（图5-21）。济南杨铭宇餐饮管理有限公司研发的文化主题宴席"杨铭宇黄焖鸡宴"将首先在"美顺和"推出，以回馈济南广大食客对"杨铭宇黄焖鸡"餐饮品牌的关爱与支持。

图5-21　复制美顺和老牌匾

　　济南是传承齐鲁文化的核心地区，是著名的礼仪之邦。旧时济南从官宦人家到平民家庭，举凡各家有婚嫁、寿诞、喜庆之举，以及年节待客无不设宴以待。因此，形成了济南地区的宴席体系。不同的宴席根据其规制适应于不同的饮食礼仪活动，如婚宴、寿宴、喜宴、丧葬宴席、饯行宴、升迁宴、拜师宴等。在宴席规格上也是从豪华的"燕翅席"到普通的"流水席"无不具备，不一而足。济南传统豪华宴席如"燕菜席""鱼翅席""海参席"等，民间常见如"四八席""三九席""流水席"等，以及各种特色宴席如"全羊席""全鱼席""全鸡席"等，各有风采，皆精美雅致，无不沿承济南的传统饮宴习俗。晚清民国年间，济南周边的农村民间，每每遇有婚丧嫁娶等民俗活动时举办宴席，大多是于乡间聘请乡村厨师在自己家里制备宴席。而在城里，则依靠各大饭庄、饭店、酒楼等提供宴席制备服务。对此，1927年编写出版的《济南快览·中西餐馆》（图5-22和图5-23）中有较为详细的记载，兹摘录如下：

　　　　制中国菜之各餐馆，等级亦多。上等者，以包办酒席为主要业务，而兼门市之市菜。此等餐馆虽多，然城内与商埠亦异。城内大都旧式平房，专售商家及零星之小门市，甚至深居简陋，非素识者，几不得门而入。若商埠则高大洋房，以门市为主体，虽定价较昂，然甚清洁，惜厨师之手艺不甚高明，无论何时大都千篇一律。其酒席之名色，亦有燕菜、翅席、海参三种，而不知作烧烤。同一席也，而价目相差极巨。例为翅席，则以十二元为起码，然有至二十四元者，盖以内容大小行件之多少为转移也。所谓"大行件"者，即以大碗或大盆之重要菜也。普通则以三大件、九行件为率，饭菜则不甚重视，多则四磁鼓（以磁制鼓形之盆，故名），少则半之。在酒菜以外也，四冷碟、四水果完事，非若吾湘[1]。有十二围心、八大碗之盛馔，故济南酒席价至廉。全宴菜不过六十元，是与粤菜之翅席相当矣。城内各家虽系旧式、然各家厨师多有专长一菜或数菜者，惜其不以时令为转移，千篇一律，甚可惜也。且有许多鱼类，不但无售，且不能作，例如春季之鳝鱼、鳅鱼，夏季之甲鱼、鳗鱼，有食之者，则群相诧异。以南人视之，则诚堪诧异矣。馆内向无定价，吃后由馆主开账，然有因人而施之恶习焉[2]。

图5-22　1927年版《济南快览》扉页书影

图5-23　2011年新版《济南快览》封面书影

　　根据《济南快览》的记载，晚清民国时期济南大饭庄制作的豪华宴席如燕菜、鱼翅、海参等都有，而且价格也是物美价廉。但较为常见的则是以大件命名的"三九席"，即一桌宴席的主要菜品包括"三大件""九行件"。除此之外，则有酒后的下饭菜，即饭菜，可多可少，多则"四磁鼓"，也可以减半为"两磁鼓"。其他则有"四冷碟""四水果"等。

　　正是为了弘扬济南传统的饮宴文化与济南风味的烹饪技艺，济南杨铭宇黄焖鸡

---

[1]　编写本书的作者周传铭为湖南人，故曰"吾湘"。——编者注
[2]　周传铭. 1927济南快览. 济南：齐鲁书社，2011年，第195页。

鲁菜文化研究院组织省内著名的饮食文化专家、中国鲁菜烹饪大师精心研究、设计制作出了"杨铭宇黄焖鸡宴"。因此,"杨铭宇黄焖鸡宴"具有如下的文化特征。

首先,具有明显的地域文化特征。"杨铭宇黄焖鸡宴"是在"济南黄焖鸡"非遗项目的基础上,融合济南传统的宴席习俗与食品规制而进行设计创意的饮食文化产品,宴席制作与宴席习俗传承无不彰显济南地域文化特征,符合济南当地及周边地区人们的口味特征与饮宴习俗。食材的选用上也以突出济南特产为主,黄河特产、大明湖特产、北园特产……无不打上泉城济南的烙印,这些特产作为泉城文化的重要组成部分,历史悠久,底蕴深厚。

其次,具有良好的民俗文化传承。济南地区的民间婚庆、寿诞等宴饮习俗,是历经数千年的生活经验积淀、沿袭与传承的历史文化遗存,从菜品组合到上菜顺序,从宴席礼仪到饮宴规制,都有完整的民俗文化意义。而"杨铭宇黄焖鸡宴"的大件头菜是"鸡"馔,突出"鸡"与"吉"谐音的民俗寓意,使宴席的文化特色更加突出。

再次,突出宴席的饮宴养生特征。传统的民俗宴席,无论婚庆、寿诞、迎送等,讲究食材的合理搭配与突出季节性特色,菜品组合讲究荤素、软硬、色彩、口味的合理搭配,充分展示传统饮食养生文化的特色。"杨铭宇黄焖鸡宴"的食馔设计,尤其彰显了这一文化优势,将四季饮食养生的传统文化与"一方水土养一方人"的地域文化相结合,以突出宴席的养生意义与"天人合一"的文化认知。

最后,彰显传统鲁菜的技艺特征。设计制作"杨铭宇黄焖鸡宴"的首席技术专家,是我国著名的中国鲁菜大师李培雨先生。他既是中国鲁菜最优秀的技艺传承人,又是"济南黄焖鸡"非遗项目传承人杨晓路的师父。师徒技艺一脉相承,宴席的菜肴制作充分彰显了鲁菜优秀的烹饪技艺。"杨铭宇黄焖鸡宴"的菜品设计与制作,可谓集鲁菜烹调方法与制作技艺于一体,为鲁菜优秀烹调技艺传承的代表之作。图5-24~图5-32是李培雨大师设计"杨铭宇黄焖鸡宴"的部分初稿草图。

济南,作为鲁菜的发祥地之一,具有丰富的美食及文化资源。历经千百年的洗礼和广大民众长期的生活经验积累,形成了一套完整的宴席礼仪习俗和饮宴规制。通过"杨铭宇黄焖鸡宴"的创意与研发,使传统的宴席得到了进一步的提炼和完善,并通过餐饮经营的方式把济南传统宴席的文化与习俗得以弘扬与传承,成为济南人心目中的老字号餐饮企业和济南传统饮宴习俗文化的代表。

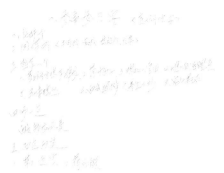

图5-24 宴席菜单

图5-25 宴席展台设计图

图5-26 冷菜设计图

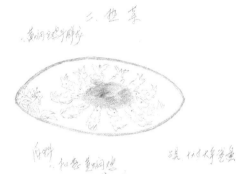

图5-27 乌龙栗子黄焖鸡

图5-28 荷叶肘子

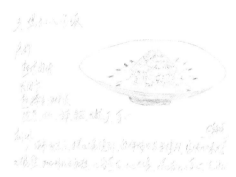

图5 29 鸡扣八宝饭

图5-30 焦熘鲤鱼

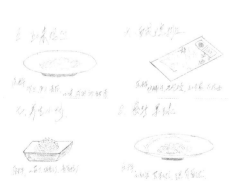

图5-31 冷菜围碟效果图

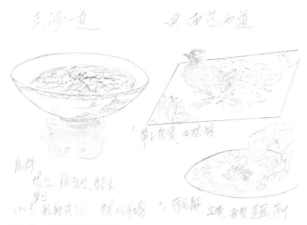

图5-32 其他菜品效果图

2．"杨铭宇黄焖鸡宴"设计的原则

基于以上的文化背景，"杨铭宇黄焖鸡宴"的创意设计与菜品应用，主要遵循如下两个方面的原则。

第一，必须彰显济南地域文化特征。如前所述，"杨铭宇黄焖鸡宴"的创意设计与菜品应用主要来源于两个方面的文化基因：一是"济南黄焖鸡"非遗美食项目的元素；二是济南传统宴席的民俗文化。济南传统宴席，根植于济南民间文化沃土，宴席礼仪规制与饮宴习俗与济南人的礼食文化生活一脉相承，饮食礼俗文化蕴涵深厚，是传承齐鲁饮食礼俗文化的典型代表，具有极高的民俗文化价值。"杨铭宇黄焖鸡宴"无论是在民俗礼仪规制方面，还是在食馔、菜肴结构方面，无不遵循济南传统的宴席文化。而"杨铭宇黄焖鸡宴"选用现在几乎已经失传的济南"三九席"格局，目的就是弘扬济南传统的宴席文化，并且从开发利用方面让传统的宴席发扬光大。尤其是在宴席的礼仪习俗方面，严格按照传统的餐桌礼仪习俗进行设计。众所周知，齐鲁自古为礼仪之邦，饮宴历史传承久远，宴席礼仪规矩严谨讲究，甚至有些在今天看来过于的冗缛繁复。对此，"杨铭宇黄焖鸡宴"在设计时候充分考虑了传统宴席礼俗中的多种因素，以弘扬传统优秀文化为主要方向，包括在菜肴、食品组合与服务程序皆与古礼有一定的渊源关系，但又融入新时代的饮宴元素，充分展示济南传统宴席的历史文化价值与当代人们生活的审美情趣。在菜肴制作技艺上，在宏观层面突出鲁菜技艺精华的基础上，以济南洛口风味菜、历下风味菜特色为主，彰显传承优秀鲁菜的烹调技艺。使"杨铭宇黄焖鸡宴"成为全面展示优秀鲁菜烹饪技艺与传承济南烹饪特色的代表。

第二，必须突出宴席的实际应用与推广价值。我国非物质文化遗产的传承与保护工作，经过十几年的发展，已经进入到在传承的基础上进行合理、充分的开发利用阶段。而鲁菜大系中丰富多样的美食非遗项目，就是造福于当代民众生活的优良项目。因此，"杨铭宇黄焖鸡宴"的创意设计，必须基于有利于实际应用的前提。对于饮食类非遗项目而言，最好的传承保护就是能够在新时代得到良好的应用与发展。因此，"杨铭宇黄焖鸡宴"在设计过程中，研发了系列产品，包括从展示体验、高品质品鉴到实际商业经营过程中的商务宴席、四季常宴、婚寿喜庆宴席、节日家庭便宴，以及"杨铭宇黄焖鸡宴"背景的商务套餐等。这些不同规格的"杨铭宇黄焖鸡宴"可以适应不同性质、不同规格、不同消费价位的客户需求。使"杨铭宇黄焖鸡宴"真正成为具有文化价值、社会价值与经济价值的饮食文化产品。同时成为济南大众喜闻乐见、便于推广、物有所值的具有较大社会影响力的主题文化宴席。使其在满足广大民众生活需求的同时，又可以创造出可观的经济收益，从而体现出传统文化资源转化为较高社会经济价值的目的。

"杨铭宇黄焖鸡宴" 的产品设计与应用

"杨铭宇黄焖鸡宴"是一个基于济南非遗而开发应用的宴席体系，它包括系列宴席产品，具体来说包括如下三个方面。

1. 宴席种类

"杨铭宇黄焖鸡宴"首先以商务宴席的设计为主要目标，但同时也适用于各种婚宴、寿宴、喜宴、生日宴等民俗活动应用。因此，"杨铭宇黄焖鸡宴"的影响种类包括有不同规格的商务宴，如"海参三大件""黄焖鸡三大件""黄焖鸡流水席"等。其中以"黄焖鸡三大件"为"杨铭宇黄焖鸡宴"系列的主打产品。

作为济南杨铭宇餐饮管理有限公司推出的文化主题宴席，它承担着全方位的形象展示。因此，从当代宴席的功能角度，系列的"杨铭宇黄焖鸡宴"包括参赛参展宴、贵宾接待宴、通用招待宴、商务接待宴、特色接待宴、风味家常宴等。

2. 宴席规格

以"黄焖鸡三大件"为例，下面是一桌"黄焖鸡三大件"宴席菜肴食馔（标准版）的一般规制。

预席席面：四干果；四干点；四鲜果；四蜜饯

预席席面，也称预备席面，是客人入席喝茶之用，为入席客人互相熟悉交流和开席之前热身专设的。传统的宴席使用"八仙桌"或广泛意义的"方桌"。

其中，四干果、四干点在喝茶后要留在桌上，谓之押桌。四鲜果、四蜜饯则在喝茶仪式结束后，撤下。茶具民间习俗一般也不撤，因为席间有不喝酒的客人可继续喝茶。

开席：

冷菜一组。包括一个大花拼+8个小围碟。

头汤+迎门点。传统宴席的迎门点心，是一种个头较大的干点，按客数配置外还要余2~4块。每人一块食毕，余下压盘撤下。"杨铭宇黄焖鸡宴"则设计头汤与迎门点融合在一起。形式各吃，一个小汤盅+一份精美小酥点。

热菜：三大件+9个行件

三大件，其中头菜为"黄焖鸡"，第二个大件为"糖醋鲤鱼"，第三个大件为"四季肘子"。民间习惯按"一鸡二鱼三肘子"的顺序上菜。

每一个大件后跟上三个行件，其中包括一个汤，前半程最后一个上。一个甜菜，后半程最后一个上。

饭菜：四汤磁鼓+主食

所谓饭菜是吃饭专用的配菜，有别于酒菜。按照传统规制饭菜用"四磁鼓"的汤菜。

主食：米饭、水饺、面条任选（可以设计制作一个小鸡形的花饽饽，每人一个）。

下面是一桌标配版的"黄焖鸡三大件"宴席菜单。

"黄焖鸡三大件"宴席菜单（标配版）

四干果：黑瓜子 白瓜子 炒花生 炒葵花籽

四干点：炒棋子块 小饼干 夏季薄荷糖冬季糖姜 江米条

四蜜饯：蜜三刀 蜜制冬瓜条 伊拉克枣 苹果脯

四鲜果：苹果 香水梨 甜橘 葡萄

冷菜：名曰"百鸟朝凤"，包括一个金鸡大花拼+8个不同形态的小鸟围碟

迎客点：鸡油酥（精致小巧，随头汤一起上）

头汤：奶油松茸羹（奶油用济南传统的猪油炒面粉）

热菜：包括以下三大件和9个行件

大件头菜：乌龙栗子黄焖鸡

两个行件（盘）：鸡汁干贝 芹香虾仁

一个汤菜（盅）：酸辣龙凤羹

大件二：糖醋鲤鱼（各吃）

两个行件（盘）：熘鱼香肝尖 抓炒肉

一个素菜（盘）：烩素什锦

大件三：老济南四季风味肘子（春、夏、秋、冬不同）

两个行件（盘）：五味鸡丝 养生小炒

一个甜菜（盘）：蜜三果

饭菜：四汤盅+米饭（鸡形花饽饽）

"杨铭宇黄焖鸡宴"虽然是基于文化背景的创新产品，但在设计的初心还是以产品的应用价值为其主要目的。如果一种饮食文化产品不能够得到推广应用，不能够为当下民众生活的品质提升创造价值，那么这样的饮食产品就没有创新的意义。因此，"杨铭宇黄焖鸡宴"的应用推广价值是衡量其产品创新目标的终极标准。

3．礼仪规制

山东是礼仪之邦，各种宴席礼仪规制详备周全，这在济南及其山东各地的晚清民国修编的地方志书中都有记载。如旧地方志记载：

> 预日具束，至日使者邀赴。主人出迎，揖让入门，长揖大礼，行莫酒礼。看坐，主宾交相酬酢。汤饭三献，肴十二器，常会不行莫酒等礼。馔毕，上卓（桌）盒，主人洗觥亲献，宾答之，皆及席不揖❶。

这是一套严谨、有序、宾客互动的宴会礼仪程序。而且，这套宴会礼仪程序，

---

❶ 清·乾隆六年刻本《海阳县志》"风俗"。

至少在清初年间就已经在山东各地民间形成，并广为流行。时至今天，齐鲁民间宴席无论简繁、普通与大宴，举办宴席的礼仪程序都是不可缺少的，尤其主宾之间的行为举止，包括宾客的席位安排，都特别严谨讲究，不能有半点疏忽。下面是济南传统宴席座位礼仪规制。

济南民间宴席自古沿袭八仙桌规制，常为8人，多可9人，客以右为尊。如中堂正厅摆席，八仙桌中缝南北向（不能错，很重要）摆放。入席客人位置是东面北为首客，也称为大客；东面南为3客，西面北为2客，西面南为4客，北面自东向西顺为1、2、3（或1、2）桌头客，南面自东向西为主家1、2陪客，1陪席位重点服务首客、3客，2陪席位重点服务2客、4客。传统宴席座位示意图如图5-33所示。

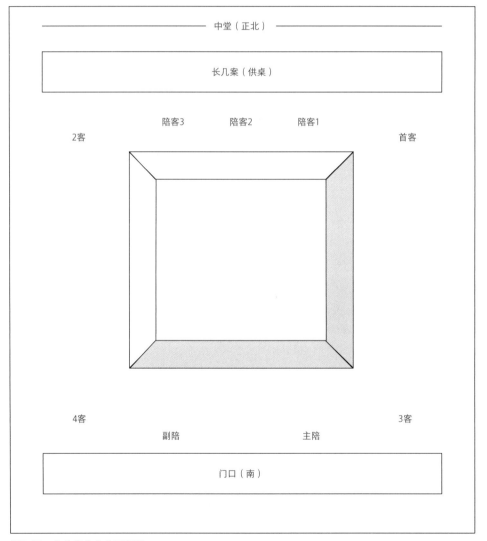

图5-33 传统宴席座位示意图

（三）"杨铭宇黄焖鸡宴"菜品案例

1. 乌龙栗子黄焖鸡（大件一）

山东许多地方民间宴席讲究"鸡打头，鱼扫尾"的宴席规制，其中颇具民俗学意义上的美好寓意。"杨铭宇黄焖鸡宴"也按照传统的习俗，用一款"乌龙栗子黄焖鸡"（图5-34）的头菜开始。

这道菜是在传统鲁菜"栗子鸡"的基础上创新发展而来的。"乌龙栗子黄焖鸡"用传统的栗子与鸡的配合，不仅寓意美好，而且运用"黄焖"的技法，尽显文化主题宴席的内涵，然后拼搭质量上乘的海参，既提高了菜品的品位，又突出了"海参席"的文化融合。

图5-34　乌龙栗子黄焖鸡

2. 糖醋黄河鲤鱼（大件二）

我国民间有"无鱼不成席"的习俗，所以鱼也是传统宴席中必备的菜肴。济南传统宴席讲究黄河鲤鱼的运用，常见如"红烧黄河鲤鱼""焦熘黄河鲤鱼""糖醋黄河鲤鱼"。1949年以后，济南宴席以"糖醋黄河鲤鱼"成为流行风俗。因此，"杨铭宇黄焖鸡宴"的大件菜肴选用"糖醋黄河鲤鱼"（图5-35），并结合新的发展趋势，以两头翘起的"鲤鱼跳龙门"之势，增加菜肴的寓意和审美情趣。

图5-35　糖醋黄河鲤鱼

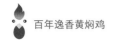

3．荷香肘子（大件三）

用猪肘子制作的菜肴，是地方传统宴席中的大件菜之一。"杨铭宇黄焖鸡宴"遵循传统宴席风格，将肘子列入宴席菜单之中，但在应用时要体现季节性的变化。"荷香肘子"（图5-36）是展览或参赛时应用的菜品，在经营中则要根据季节的不同运用不同方法烹饪出适应季节性食用的菜品。春

图5-36　荷香肘子

季选用"白扒肘子"或"清炖肘子"，夏季选用"荷香肘子"或"水晶肘子"，秋季选用"冰糖肘子"，冬季选用"烧肘子"等。

4．雪丽蹄筋

"雪丽蹄筋"（图5-37）是传统鲁菜中一款具有特色的风味菜肴，把柔软筋道的水发猪蹄筋，用洁白细嫩的蛋泡糊裹沾均匀，在温油锅里慢慢浸炸熟透，色泽淡雅清新，口感细腻滑爽，堪称宴席侑酒之佳品。这是一道表现糊芡为特色的菜肴，既要讲究火候的把

图5-37　雪丽蹄筋

握，又要处理好食材的加工。制作前，需要把干制的猪蹄筋经油炸、浸泡，使其恢复软柔滑腻的状态，然后选用新鲜的鸡蛋清，搅打成细腻的蛋泡体状态，加少量干淀粉搅打成为"雪丽糊"，也称为"蛋泡糊""芙蓉糊"等。然后投入温油锅里浸炸成熟，捞出控净油，另起小油锅加入辅料、调料、高汤烧开，撇去浮沫，加入炸好的雪丽蹄筋，加入湿淀粉勾薄芡即成。成菜略带清爽的汤汁，趁热下酒，最是美味的享受。

5. 济南酥菜

济南民间普通用来招待客人的便宴或年节家宴，"酥菜"的制作是必备的。"杨铭宇黄焖鸡宴"为了突出济南地方特色，故而以热菜拼盘的形式展示"济南酥菜"（图5-38）的风采。济南酥菜又称"酥锅"，为济南民间年节流行的家常菜品之一，旧时人们以"酥菜"相称，但近年来随着市场的流行越来越习惯叫作"酥锅"，甚至出现了济南"酥锅"源于"博山酥锅"的说法。但实际上，济南酥菜是用济南北园出产的大白菜、鲫鱼、豆腐等，运用洛口出产的米醋、酱油，以及来自洛口商运南方的白糖制作而成，颇具济南风味特色。在技法上是否借鉴或者说传承于博山酥锅，还有待进一步研究。

图5-38 济南酥菜

6. 酥炸藕盒

"酥炸藕盒"（图5-39）是济南家常宴席中常见的一道风味菜肴。旧时济南市区的人家选用大明湖出产的鲜莲藕，现在则多选用包括北园在内的济南北部出产的莲藕。把莲藕洗净刮去外皮，切成合页状的"夹刀片"，在两片之间嵌入调制好的猪肉馅，然后沾上一层均匀的脆皮糊，投入热油锅中炸至金黄色成熟，捞出控净油即

图5-39 酥炸藕盒

可。传统的"炸藕盒"以猪肉馅为常见，现在则有各种不一样的馅料可选用。成菜形体饱满，色泽金黄，外酥内嫩，清秀优雅，既有传统的风格，又具有一种时尚之美感。

7. 滑炒里脊丝

"滑炒里脊丝"（图5-40）是济南特色炒菜之一，具有浓郁的地方风味与济南烹调特征，是宴席常见的行件菜品之一。济南的"滑炒里脊丝"系略带汤汁的半汤菜品，具有多汁鲜爽、滑嫩利口、汤清肉白等特点，是宴席不可或缺的代表性菜品之一。

图5-40 滑炒里脊丝

8. 奶汤鲫鱼

"奶汤鲫鱼"（图5-41）是济南传统名菜，旧时鲫鱼来自黄河所产，但后来随着黄河水量的减少，则改用济南周边淡水所产的鲫鱼。传统的"奶汤鲫鱼"在济南有两种做法，一是来自民间猪大油炒白面冲入清汤的方法，二是用济南"吊汤"技艺制作的高级奶汤。"杨铭宇黄焖鸡宴"则采用熬制高级奶汤的方法，来提升菜肴的品质。

图5-41 奶汤鲫鱼

9. 扣什锦八宝饭

八宝饭是济南民间宴席常用的风味菜肴之一，是一道具有宜肴宜饭双重功能的菜品。但由于传统民间宴席多以"碗菜"的形式出现，如常见的八大碗、十大碗宴席规制等，碗菜或扣碗菜成为传统宴席的特色之一。而"扣什锦八宝饭"（图5-42）则融合了传统的风格与现代食材于一体，用多种珍贵食材制成的什锦八宝馅料与精制的米饭有机搭配，成为宴席颇具民间风情的菜肴。

图5-42 扣什锦八宝饭

10. 清汤丸子

山东传统宴席讲究团团圆圆的寓意，于是宴席中就有"四喜丸子""一品丸子""吉祥丸子"之类的菜品。为了避免传统宴席千篇一律的特点，"杨铭宇黄焖鸡宴"将丸子设计成为汤类菜品，在宴席的结尾时呈现，以起到润口和配合饭食的效果。清汤丸子如图5-43所示。

图5-43 清汤丸子

附录
山东省饭店协会团体标准
——黄焖鸡米饭

前言

本文本按照GB/T1.1—2020《标准化工作指导 第1部分：标准化文件的结构和起草规则》的规定起草。

本文件由山东省饭店协会提出。

1．目的

本标准规定了黄焖鸡米饭的定义、原料及要求、食料配比、烹饪器皿、工艺流程、装盘装饰、质量要求及最佳食用时间等内容。

本标准是为了规范传统名吃黄焖鸡米饭的操作规程，保持传统名吃黄焖鸡米饭口味的统一化、提高生产运营的效率化等，确保能够提升传统名吃黄焖鸡米饭操作的整体水平和文化传承。

2．意义和必要性

黄焖鸡米饭是历史传统名吃，起源于山东济南。黄焖鸡米饭做法讲究、选料精细，对使用的器皿更有严格的要求。主食选材上必须选用鲜嫩的鸡腿肉，其他辅食也有严格的规定。制作过程中要求做到投料准确，对所用的主食、主料都需过秤下锅，严格控制食料比例。黄焖鸡米饭烹饪使用的锅体必须为砂锅，不能用金属等器皿。黄焖鸡米饭采用秘制酱料工艺技术，采集数十种香料及调味品严格按比例调配烹制而成，做成后色香味美，口感鲜嫩透味不黏腻，香味浓郁。无论口感、视觉、色泽都属上品，令人回味无穷，百吃不厌。

黄焖鸡米饭是历史传统名吃，最早起源于山东济南，因黄焖鸡米饭鲜嫩透味不黏腻的口感而被越来越多的人所喜欢，被越来越多的加盟商所加盟，推向了全国各地。随着加盟商的越来越多，容易出现黄焖鸡米饭的做法大小不一的差异，导致黄焖鸡米饭的口味不统一、不正宗，对黄焖鸡米饭的历史传承启到不利的作用。本标准的制定，在黄焖鸡的选料、配比、器皿使用、操作过程等都做了详细、统一的规范，每个加盟商严格按照本标准制定的操作规范即可烹饪出口味正宗的黄焖鸡米饭。

本标准的制定，可以规范黄焖鸡米饭各加盟商的操作，让全国各地消费者都能品尝到正宗口味的黄焖鸡米饭，本项目的制定，更能有利于传统名吃的文化传承，使正宗的黄焖鸡米饭源远流长，永远被传承下去。

党和国家领导极其关心百姓的粮袋子和菜篮子，曾对我国小吃产业调研时强调"现有取得成绩的基础上，还要探索，还要完善，还要办得更好"，继续推动乡村振兴和城市化发展，黄焖鸡米饭作为享誉大江南北的名吃，规范化标准化发展更是重中之重，因此本标准的提出，符合我国现阶段乡村振兴和城市化发展的战略方针，对推动小吃产业规范、标准、健康、可持续发展具有重要的引领和推动作用，示范意义显著。

黄焖鸡米饭

1．范围

本标准规定了黄焖鸡米饭的术语和定义、原料及要求、食料配比、烹饪器皿、工艺、装盘、装饰、质量要求及最佳食用时间等内容。

本标准适用于历史传统名吃杨铭宇黄焖鸡米饭的烹饪及制作。

2．规范性引用文件

下列文件对于本文件的应用是必不可少的。凡是注日期的引用文件，仅注日期的版本适用于本文件。凡是不注日期的引用文件，其最新版本（包括所有的修改单）适用于本文件。

GB/T 1354—2018　大米

GB/T 38581—2020　香菇

GB/T 30383—2013　生姜

NY/T 631—2002　鸡肉质量分级

T/GGI 092—2021农产品地理标志　黄平线椒

《餐饮业和集体用餐配送单位卫生规范》

《餐饮服务食品安全操作规范》

3．术语和定义

下列术语和定义适用于本文件。

黄焖鸡米饭

以鸡腿肉、大米为主料，以香菇、生姜、干辣椒（根据口味选配）、新鲜线椒
（根据口味选配）、青椒等为配料，选料精细、食料配比准确、烹饪讲究，按照传
统工艺制作完成的鲁菜传统名吃。

4．口味分类

传统口味、微辣、特辣。

5．原料及要求

5.1 原料

5.1.1 主料

5.1.1.1 鸡腿肉，应符合NY/T 631—2002中规定的表B.1鸡分割肉引进类2级或
以上标准要求。

5.1.1.2 大米，应符合GB/T 1354—2018中表2规定的优质大米或以上标准质量
指标要求。

5.1.2 配料

5.1.2.1 香菇，宜选用直径3.5厘米左右的干香菇为宜，应符合GB/T 38581—
2020中4.1.3.1条规定的三级及以上的要求。

5.1.2.2 生姜，应符合GB/T 30383的要求。

5.1.2.3 干辣椒。

5.1.2.4 新鲜线椒。

5.1.2.5 青椒。

5.1.3 酱料

宜选用黄焖鸡米饭专用酱料，具体指标见表1。亦可参照表1根据口味自行调
制酱料。

表1　黄焖鸡米饭专用酱料

原辅料	蚝油、鲜味生抽、老抽、味极鲜、鲍鱼汁、海鲜酱、黄豆酱、甜面酱、调味料酒、白砂糖、食用盐等	
感官指标		
项目	指标	检验方法
色泽	红褐色	GB/T 5009.39
滋味与气味	咸甜鲜辣醇和，气味鲜香	
性状	液体，有一定稠度	
杂质	无可见杂质	
理化指标		
项目	指标	检验方法
氨基酸态氮（克/100克）	0.2	GB 5009.235
全氮（克/100毫升）	0.5	GB/T 18186
挥发性盐基氮（毫克/100克）	30	GB 5009.228
食用盐（克/100克）	16	GB 5009.44
铅（以Pb计）（毫克/千克）	0.9	GB 50009.12
无机砷（以As计）（毫克/千克）	0.5	GB 5009.11
甲基汞（以Hg计）（毫克/千克）	0.5	GB 5009.17
N-二甲基亚硝胺（微克/千克）	4.0	GB 5009.26
多氯联苯（毫克/千克）	0.5	GB 5009.190
铬（以Cr计）（毫克/千克）	2.0	GB 5009.123

5.2　质量要求

5.2.1　原料、配料应符合GB 2760、GB 5009（全部分）的规定。

5.2.2　主料、配料、调料要干净，调料应符合《餐饮业和集体用餐配送单位卫生规范》等标准的规定。

6．食料配比

6.1　鸡腿肉块1000克／锅。

6.2　香菇片0.07克／锅。

6.3　酱料120克／锅。

6.4　水500克／锅。

7．烹饪器皿

7.1　燃气炉灶。

7.2　不锈钢托盘或托架，高压锅，砂锅。

7.3　符合国家规定的计量器具，包括但不限于量杯、计时器、电子秤等。

8．烹饪工艺

8.1　食材加工要求

8.1.1　鸡腿肉改刀成2厘米×3厘米的块状。

8.1.2　生姜切片。

8.1.3　干辣椒洗净，切1厘米左右段状。

8.1.4　新鲜线椒洗净，斜刀切为4～5厘米左右段状。

8.1.5　青椒洗净切成3厘米×3厘米左右块状。

8.1.6　干香菇用清水泡发6～10小时，将泡发好的香菇切成2～3厘米大小的香菇片。

8.2　烹饪及要求

8.2.1　鸡腿肉块烹饪要求

8.2.1.1　鸡腿肉块装锅要求

a．选用22寸高压锅，按本文件第5章配比要求将鸡腿肉、香菇片、生姜片、酱料、清水装入高压锅。

b．如选用其他型号高压锅，参照22寸高压锅1000克鸡腿肉的要求进行等量比例调整。

8.2.1.2　鸡腿肉块烹饪过程要求

a．高压锅安全帽冒气后改为小火，并用计时器计时5分钟关火。

b．打开高压锅，用勺子将锅内鸡肉轻轻搅拌均匀。

8.2.1.3　分盘要求

将高压锅内焖熟的鸡腿肉块及汤料平分到砂锅中，置于托架上备用。以每锅可以分成3小份或2大份为准。

8.2.1.4　上灶焖鸡要求

a．将砂锅置于灶具上开小火，用勺子在砂锅正中打窝使鸡腿肉向四周均匀扩散，待锅中鸡油向砂锅中间集中时，用勺子将多余鸡油撇出后翻炒鸡腿肉，使其均匀浸在料汁内，保证食品少油健康。

b．灶具改中火，持续翻炒鸡肉。

c．料汁呈冒大泡状态时，加快翻炒频率，避免煳锅。

d．料汁呈均匀小泡状态时，分别放入适量的青椒、线椒等配菜并迅速翻炒。

e．配菜均匀入味后关火上菜。

8.2.1.5　焖鸡烹饪要点

a．为保证砂锅均匀受热，执行本文件8.2.1.4 a操作时应使用小火，待撇完油后，改中火收汁。

b．若菜品口味为中辣或特辣，为保证入味，应在执行本文件8.2.1.4 a撇油操作完成后，放入干辣椒段。

c．青椒或线椒不应放入时间过早，出锅前放入，作为菜品点缀。

8.2.2　米饭烹制

大量需求米饭宜使用蒸车蒸制。少量需求米饭宜采用电饭煲蒸制。

8.2.2.1　米和水的比例

米和水比例宜为1∶1。

8.2.2.2　蒸米饭

蒸车通电开锅后，蒸制40分钟，断电后焖10分钟即可。

9．装盘

9.1　盛装器皿

9.1.1　黄焖鸡盛装器皿

黄焖鸡采用焖制砂锅盛装，砂锅焖制好后，垫好隔热垫，直接上桌食用。

9.1.2　米饭盛装器皿

米饭采用碗盛装，根据个人食量，应根据国家标准选用不同型号非塑器皿。

9.2　装盘要求

翻炒和装盘时，鸡腿肉宜集中在锅中间，线椒或青椒宜均匀点缀。

10．质量要求

10.1　感官要求

10.1.1　色泽

成品黄焖鸡色泽鲜亮，干辣椒段与青椒块红绿搭配均匀。

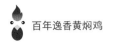

10.1.2 口味

黄焖鸡嫩滑多汁、鲜嫩透味不黏腻，香味浓郁，口味咸鲜酱香，口感丰富饱满。

10.2 卫生要求

10.2.1 餐饮业制作过程应符合《餐饮服务食品安全操作规范》及《餐饮业和集体用餐配送单位卫生规范》规定要求。

10.2.2 黄焖鸡米饭经营者应按照主管部门要求，取得餐饮食品经营许可证等经营许可资质。

10.2.3 黄焖鸡米饭经营店面按照主管部门要求，宜明厨亮灶。

11．最佳食用时间

黄焖鸡米饭出锅后应在2小时内食用，15分钟内、温度在40℃左右时食用口味最佳。

2023年5月修订

参考文献

［1］ 汉·司马迁撰. 史记·殷本记[M]. 北京：中华书局，1997.

［2］ 北魏·郦道元著. 水经注校证[M]. 陈桥驿校证. 北京：中华书局，2013.

［3］ 北魏·贾思勰撰. 齐民要术校释[M]. 缪启愉校释. 北京：农业出版社，1982.

［4］ 汉·刘熙撰，清·王先谦撰集. 释名疏证补[M]. 上海：上海古籍出版社，1984.

［5］ 清·郝懿行著，安作璋主编. 郝懿行集·四·尔雅义疏[M]. 济南：齐鲁书社，2010.

［6］ 清·佚名撰. 调鼎集[M]. 邢渤涛注释. 北京：中国商业出版社，1986.

［7］ 雷梦水，潘超，孙忠铨，等. 中华竹枝词（四）[M]. 北京：北京古籍出版社，1997.

［8］ 周传铭. 1927济南快览[M]. 济南：齐鲁书社，2011.

［9］ 张起钧. 烹调原理[M]. 北京：中国商业出版社，1985.

［10］ 广东、广西、湖南、河南辞源修订组，商务印书馆编辑部. 辞源：修订本[M]. 北京：商务印书馆，1986.

［11］ 舒新城，沈颐，徐元诰，等. 辞海（全二册）. 据1936年版缩印[M]. 北京：中华书局，1981.

［12］ 本局大辞典编纂委员会. 大辞典[M]. 台北：三民书局股份有限公司，1980.

［13］ 罗竹风. 汉语大词典[M]. 上海：汉语大词典出版社，1986.

［14］ 博山饮食. 内部资料. 淄博：[出版者不详]，2013.

［15］ 济南市饮食公司. 济南菜谱（第一集）. 济南：济南市饮食公司编印.

［16］《中国菜谱》编写组. 中国菜谱·山东[M]. 北京：中国财政经济出版社，1978.

［17］ 商业部饮食服务局编. 中国名菜谱（第六辑）[M]. 北京：轻工业出版社，1959.

［18］ 江苏省服务厅编. 江苏名菜名点介绍[M]. 南京：江苏人民出版社，1958.

［19］ 任建新. 济南开埠百年[M]. 北京：中国民族摄影艺术出版社，2005.

［20］ 杨曙明. 济南的味道[M]. 北京：作家出版社，2013.

［21］ 赵虎，杜聪聪，等. 消逝的济南港口 洛口古镇研究[M]. 北京：中国建筑工业出版社，2019.

［22］ 济南市地名协会. 济南地名琐话[M]. 济南：济南出版社，2013.

［23］ 徐华东. 济南开埠与地方经济[M]. 济南：黄河出版社，2004.

［24］ 张光明，李国经，张全新，等. 周村商埠文化与鲁商文化研究[M]. 济南：山东人民出版社，2010.

后记

  近半年的匆匆忙忙,《百年逸香黄焖鸡》书稿终于完成,但心中却很长时间不能平静下来,仍有意犹未尽之感。

  《百年逸香黄焖鸡》一书的编写,虽系偶然,但也是事出有因。这有赖于济南"杨铭宇黄焖鸡"餐饮品牌的横空出世及其所产生的品牌影响力。

  其实,没有人能够想得到,一款普通的传统鲁菜菜肴,在一个普通的厨师和一个极其普通的团队手里,在有着家族餐饮传承背景的影响下,经过十几年的辛勤付出,创新发展成为一个迄今为止拥有6000多家连锁加盟店铺的餐饮品牌企业,其中还包括在国外的数百家店铺。可以说,"杨铭宇黄焖鸡"是一个真正走出国门的鲁菜餐饮品牌。

  现在,"黄焖鸡传统烹饪技艺"已经成为济南地区的非物质文化遗产项目,悠久的发展历史,深厚的文化底蕴,优秀的烹饪技艺,适口的菜品质量,成就了今天济南"杨铭宇黄焖鸡"餐饮品牌的辉煌。

  当然,对于"杨铭宇黄焖鸡"餐饮品牌而言,传统文化、家族意识、非遗文脉、技艺传承、时代需求、社会责任、专业情怀、创新精神……都是成就"杨铭宇黄焖鸡"餐饮品牌成长发展的因素。其中尤其值得一说的是,品牌创始人及其团队把传统鲁菜的优秀技艺与新时期餐饮市场的需求发展融为一体,把一个餐饮单品创造性地发展为一个餐饮品牌,并在产业发展的道路上一往无前。《百年逸香黄焖鸡》一书正是从多视角、多层面、全方面来展示这一鲁菜餐饮品牌的成长发展之路的。

  就在《百年逸香黄焖鸡》付梓之际,为"杨铭宇黄焖鸡"餐饮品牌发展付出心血的传承人、93岁的孟昭兰女士离开我们仙逝而去,在此谨以此书的出版告慰孟昭兰女士的在天之灵!

  本书在编写过程中得到了餐饮界、文化界同行的关注和支持。中国烹饪协会终身名誉会长冯恩援先生拨冗为本书写序,山东著名书法家欧阳中石的得意弟子荆向海先生为本书题签并题词,在此谨致诚挚的感谢!

  《百年逸香黄焖鸡》定位为一本美食非遗项目研究方面的著作,由于是初次尝试非遗文化项目研究领域的课题,书中所存在的问题和舛误在所难免,敬请专家学者与广大读者不吝赐教,予以批评指责,在此表示衷心感谢!

编者谨记

2023年10月于泉城济南